SHI DA
KEXUE
SHIYAN

十大科学实验

刘路沙　**主编**

姜　坤　**编著**

广西出版传媒集团｜广西科学技术出版社

图书在版编目（CIP）数据

十大科学实验 / 刘路沙主编. —南宁：广西科学技术出版社，2012.8（2020.6重印）

（十大科学丛书）

ISBN 978-7-80666-159-8

Ⅰ．①十… Ⅱ．①刘… Ⅲ．①科学实验—世界—史料 Ⅳ．① N33

中国版本图书馆 CIP 数据核字（2012）第 191433 号

十大科学丛书

十大科学实验

刘路沙　主编

责任编辑　池庆松		**封面设计**　叁壹明道	
责任校对　葛　玲		**责任印制**　韦文印	

出 版 人　卢培钊

出版发行　广西科学技术出版社

　　　　　　（南宁市东葛路 66 号　邮政编码 530023）

印　　刷　永清县晔盛亚胶印有限公司

　　　　　　（永清县工业区大良村西部　邮政编码 065600）

开　　本　700mm×950mm　1/16

印　　张　13

字　　数　167千字

版次印次　2020 年 6 月第 1 版第 4 次

书　　号　ISBN 978-7-80666-159-8

定　　价　25.80 元

青少年阅读文库

顾问

总主编

编委（按姓氏笔画排列）

《十大科学丛书》

代序　致二十一世纪的主人

钱三强

　　21 世纪，对我们中华民族的前途命运，是个关键的历史时期。21 世纪的少年儿童，肩负着特殊的历史使命。为此，我们现在的成年人都应多为他们着想，为把他们造就成 21 世纪的优秀人才多尽一份心，多出一份力。人才成长，除了主观因素外，在客观上也需要各种物质的和精神的条件，其中，能否源源不断地为他们提供优质图书，对于少年儿童，在某种意义上说，是一个关键性条件。经验告诉人们，一本好书往往可以造就一个人，而一本坏书则可以毁掉一个人。我几乎天天盼着出版界利用社会主义的出版阵地，为我们 21 世纪的主人多出好书。广西科学技术出版社在这方面做出了令人欣喜的贡献。他们特邀我国科普创作界的一批著名科普作家，编辑出版了大型系列化自然科学普及读物——《青少年阅读文库》（以下简称《文库》）。《文库》分"科学知识""科技发展史"和"科学文艺"三大类，约计 100 种。《文库》除反映基础学科的知识外，还深入浅出地全面介绍当今世界的科学技术成就，充分体现了 20 世纪 90 年代科技发展的水平。现在科普读物已有不少，而《文库》这批读物的特有魅力，主要表现在观点新、题材新、角度新和手法新，内容丰富、覆盖面广、插图精美、形式活泼、语言流畅、通俗易懂，富于科学性、可读性、趣味性。因此，说《文库》是开启科技知识宝库的钥匙，缔造21世纪人才的摇篮，并不夸张。《文库》将成为中国少年朋友增长知识，发展智慧，促进成才的亲密朋友。

亲爱的少年朋友们，当你们走上工作岗位的时候，呈现在你们面前的将是一个繁花似锦的、具有高度文明的时代，也是科学技术高度发达的崭新时代。现代科学技术发展速度之快、规模之大、对人类社会的生产和生活产生影响之深，都是过去无法比拟的。我们的少年朋友，要想胜任驾驭时代航船，就必须从现在起努力学习科学，增长知识，扩大眼界，认识社会和自然发展的客观规律，为建设有中国特色的社会主义而艰苦奋斗。

我真诚地相信，在这方面，《文库》将会对你们提供十分有益的帮助，同时我衷心地希望，你们一定为当好21世纪的主人，知难而进，锲而不舍，从书本、从实践吸取现代科学知识的营养，使自己的视野更开阔，思想更活跃，思路更敏捷，更加聪明能干，将来成长为杰出的人才和科学巨匠，为中华民族的科学技术实现划时代的崛起，为中国迈人世界科技先进强国之林而奋斗。

亲爱的少年朋友，祝愿你们奔向未来的航程充满闪光的成功之标。

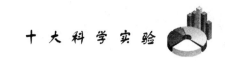
编者的话

科学实验是人类认识自然，改造自然的一个重要途径，它是一切科学理论的源泉，也是检验科学真理的标准。

人类从茹毛饮血的原始时代发展到今天科学技术高度发达的现代化时期，其中经历了多少科学的革命，在这一次次的人类对自然界的变革、人类对敌对和保守势力的斗争中，单靠理论和思想行吗？不行！历史已经证明，用各种仪器、设备武装起来的科学实验是科学发展的强大动力。科学实验借助于精密的仪器和装备，在实验室中，严格控制实验条件，把自然界中所发生的变化过程和生产过程加以简化和缩小，排除各种偶然的和次要的因素干扰，使我们需要认识的某种属性或联系以单纯的形态呈现给人们。人们通过多次重复的观察和试验，进行精密的分析和细致的研究，揭示出在自然界和生产过程中起支配作用的规律。

科学实验能够造成在自然界中无法直接控制而在生产过程中又难以实现的特殊条件，比如：造出几百万伏的高压电、接近绝对零度的低温、高真空、高速度，以及制造出超铀元素，培育出新的生物品种，再现自然界中转瞬即逝的过程，模拟几亿年前地球上的物理化学状态等等。没有人能否认，千百万人埋头从事的科学实验所造成的无坚不摧的巨大力量是改变人类历史进程的伟大力量。

任何"天才"是不可能凭空造就出一种理论来的，理论发展中的每一次重大推进都是由新的实验事实所引起的，科学家们就是在一次次的实验中发现了一个个人们尚不了解的未知世界。也正是一个个的实验才驳倒了亚里士多德的偏见，引领了像牛顿这样的一些科学家，沿着新的途径去寻找自然界的新图景。人类科学发展的历史，是从科学实验中产生，又从科学实验中获得证实的历史。

在科学发展的巨幅历史画卷中，科学实验是最壮丽的景观。本书试图从浩瀚的历史画卷中剪裁出十大典型例子，虽然它只能反映科学技术发展过程中的某些历史片断，但却展现了自然科学家在科学的征途上，不畏劳苦，百折不挠，前赴后继，坚持斗争，去争取胜利的生动画面。

从这些简短的片断中，读者可以了解到：人类在认识雷电的过程中所表现出的冒险与奉献精神；燃烧的氧化理论是经过百年实验后，推翻炼金术士手中的燃素说而建立起来的；以太理论从鼎盛一时到为相对论所埋葬，它的历史波澜壮阔，极富教育意义；置身于宗教法规森严的"神"的世界里的约翰·孟德尔竟能为"人"创造出遗传学发展的美好天地；超导体不足百年的历史，就使它发展成为一门完整的科学，并以极大的优越性应用于输电、磁流体发电、高能物理等方面；卢瑟福等人在确凿的实验基础上成功地打开了原子世界的大门；巴斯德的辛勤研究为人类提供了同各种疾病进行斗争的有效方法；牛顿的判决性实验为我们确定了光谱的形成原因……

在编写本书的过程中，我们力求将科学知识寓于情节动人的实验故事之中，尽量避免公式表达及数据推理，将复杂的原理深入浅出地呈现在读者面前，使读者在学习科学家们刻苦顽强地为科学献身的奋斗精神之余，也能领略各个领域中的一些科学知识。但愿书中描写的典型人物，如牛顿、巴斯德、卢瑟福、查德威克、富兰克林……这些不朽的名字，能点燃读者熊熊的理想之火，赋予读者献身人类进步事业的力量和

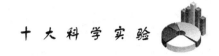

勇气，使年少的你们懂得生命的价值和人生的真谛！

科学技术发展的历史表明，科学研究是一项艰苦的劳动，每一项科技成果的取得都不是轻而易举的。只有把全部身心投入进去，孜孜不倦，不畏劳苦，坚韧不拔，才有可能攀登科学高峰。正如马克思教导的那样："在科学上没有平坦的大道，只有不畏劳苦，沿着陡峭山路攀登的人，才可能达到光辉的顶点。"

时代在前进，科学在发展。客观世界的运动、变化、发展是无穷的，人类知识和改造客观世界的实践也是无穷的，用你们以知识武装起来的头脑，在科学实验这个大园地里，创造出新的留给未来的"名胜古迹"。本书只是一幅导游图，希望能帮助读者沿着历史的足迹，欣赏用人类智慧结晶所创造出来的雄伟壮丽的景色。

编 者

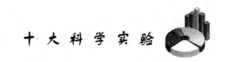

目　录

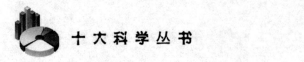

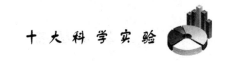

探索物理新天地中的秘密

——低温超导实验

　　超导体，作为固体物理学的一个活跃分支，它的历史只有短短的几十年，而作为一门新技术应用于各个领域，那还是近 30 年的事情。但是，不足百年的发展历史，就使它发展成为一门完整的科学，并以极大的优越性应用于电机、输电、磁流体发电、高能物理等方面，在电子技术、空间技术、受控热核反应，甚至与人们生活密切相关的交通运输和医疗等方面，都展示了乐观的前景。

　　1987 年 2 月 25 日，国内各大报刊纷纷以大字标题登出了头条新闻："我国超导研究取得重大突破！"新闻中讲到，中国科学院物理研究所近日获得起始转变温度在绝对 100 度以上的高临界温度超导体，"这项研究成果居于国际领先地位"。从此以后，报纸、电视、广播中不断传来世界各国科学家和中国科学家在超导研究中取得重大进展的消息。一时间，像一阵旋风一样，"超导热"席卷了全世界。

　　当一位平素并不太为人们所了解的演员突然间走红成为明星时，人们会以极大的兴趣来关注这位明星。对于当前科学舞台上超导体这位"明星"来说，大多数人还不够熟悉。那么，到底什么是超导体？超导体的研究有什么用处？超导研究的历史中有哪些重要的里程碑？科学家又为什么会对超导的研究如此重视呢？

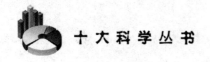

一、从物体的电磁性谈起

（一）物质结构与导电

看看我们的周围，如今多种电器已经在家庭中普遍得到应用。当你在漆黑的夜晚坐在白炽灯明亮的光线下读书时，当你在寒冷的冬季打开了电炉取暖时，你是否想到过白炽灯的光和电炉的热是怎样产生的？

物理学的发展，使我们对带电现象的本质了解得越来越深入了。我们都知道，组成物质的原子是由带正电的原子核和绕核旋转的带负电的电子构成的。在通常情况下，原子核所带的正电荷跟核外电子所带的负电荷相等。这时，原子是中性的，整个物体也不显电性，一旦物体得到或失去一些电子，使得原子核所带的正电荷跟核外电子所带的负电荷不相等，物体就表现出了带电性。而物体按照导电能力的强弱，可以分为导体、半导体和绝缘体。导体能够导电，是因为导体内部存在着可以自由移动的电荷。比如说，金属是导体，在金属内部所有的原子都按一定的秩序整齐地排列起来，成为所谓的晶格点阵。这些原子只能在规定的位置附近作微小的振动。原子中离核较远的一些电子，容易摆脱原子核的束缚，在晶格点阵之间自由地跑来跑去，这类电子叫自由电子。如果我们把晶格点阵比做一个大的果园，原子比做果树，那么晶格中的自由电子就好像一群在果树园中随意玩耍的天真活泼的孩子。当有外力作用时，自由电子便按一定的方向移动，形成电流。这就好像一声铃响，果树园中自由玩耍的孩子们，都向着一个方向跑去时一样。

玻璃、橡胶、塑料等不容易导电，我们称为绝缘体。在它们内部，绝大部分电荷都只能在一个原子或分子的范围内作微小移动，这种电荷叫束缚电荷。由于缺少自由移动的电荷，所以，绝缘体的导电能力差。

当有外力作用时自由电子便按一定的方向移动形成电流

还有一类物体，像锗、硅以及大多数的金属氧化物、硫化物等，它们的导电能力介于导体和绝缘体之间，我们把这类物体叫半导体。

（二）电能生磁

磁铁是我们日常生活中并不罕见的物体，在磁铁的周围存在着磁场。拿一块磁铁来，这个磁铁的两端就是它的两个极——南极（S极）和北极（N极），这两个极间的相互作用是通过磁场来进行的，磁场虽然看不见摸不着，但我们可以用磁力线来描绘它。在一根条形磁铁的上面放一块玻璃板，玻璃板上撒一层铁屑，轻轻敲打玻璃板，铁屑就会按一定的规则排列，将这些铁屑连成线条，我们叫它磁力线。它的疏密程度能反应磁场的强与弱，磁力线上面的每一点的切线方向，表示了这一点的磁场方向。电与磁是相互联系、相互转化的。我们知道，电流通过导线时，周围就会产生磁场。根据电流可以产生磁场的道理，人们把导线绕成线圈，做成了电磁体，广泛应用在生产和日常生活中。

近代物理学的知识告诉我们，无论磁现象还是电现象，它们的本源都是一个，即电荷的运动。物体原子中的电子，不停地绕核旋转，同时也有自转，电子的这些运动便是物体磁性的主要来源。也就是说，一切磁现象都起源于电荷的运动，而磁场就是运动电荷的场。

不仅电流能够产生磁场，而且磁场的变化也可以产生电流，这叫电

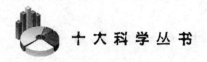
磁感应现象。电磁感应的发现，为工农业生产的电气化创造了条件。

（三）物理学的新天地——低温物理

温度是反映物体冷热程度的物理量，我们常用温度计来测量温度。人们还规定了在一个标准大气压下，冰溶解时的温度为零度，水沸腾时的温度为100℃，在0℃～100℃之间分成100等份，每1份就叫1℃。这种标定温度的方法叫摄氏温标。用摄氏温标表示温度时，应在数字后面写上符号"℃"。

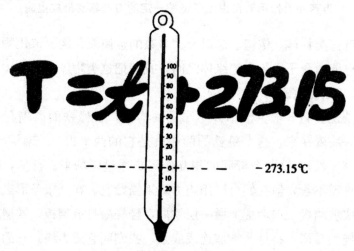

在热力学理论和科学研究中

在热力学理论和科学研究中，还常用另一种温标叫绝对温标，这种温标不是以冰水混合物的温度为零度，而是以－273.15℃作为0℃，叫绝对零度。绝对温度的1度叫1开，用字母"K"表示。同一个温度可以用摄氏温标表示，也可以用绝对温标表示，它们之间的关系为：$T = t + 273.15$（K），这里 T 为绝对温度，t 为摄氏温度。

水蒸气遇冷可以凝成水，但要让空气凝结成液体，却不是件容易的事。经过长期的实践，人们发现，在一个大气压下，空气要在81K

（约为－192℃）以下，才可以液化。换句话说，液态空气在一个大气压下的沸点为81K，这样，人们便把低于81K以下的温度称为低温。至于氢气和一些惰性气体的液化温度，那就更低了。如果我们能用特殊技术使这些气体液化，并把它们置于特殊的容器中保存起来，这样就可以获得极低的温度。这些温度和我们的生活环境差距如此之大，许多物质在这样低的温度里显示了从未有过的奇异的特殊规律。研究物质在低温下的结构、特性和运动规律的科学，就叫低温物理。

19世纪末，随着工农业生产的迅速发展，低温技术也日益提高，一个个曾被认为不能液化的"永久气体"相继被液化，使人们获得了越来越低的温度，为探索未知世界的奥秘提供了强有力的武器。终于在20世纪初叶，揭开了超导体研究的序幕。

二、奇异的低温世界

提起低温，我们往往会联想到千里冰封、万里雪飘的北国风光，在我国北方度过了童年时代的人们更会浮想起许多愉快的儿时往事：玻璃窗上美丽的冰花图案、雪球激战、白雪老人……居住在北方的少年朋友，你们对这些场景一定不会感到陌生吧！除此之外，我们也会想到人类的老祖先曾经和漫长严寒的冰期作过多少万年的艰苦斗争，更会想到南、北极那终年不融的冰山。经过漫长的历史岁月，人们早已战胜了普通的冰雪低温。在现代，除了探索地球南北极大自然的奥秘外，摆在科学工作者面前的一个任务便是向更低的温度进军了。

（一）第一个尝试气体液化实验的人

1784年，英国的化学家拉瓦锡曾预言：假如地球突然进到极冷地区，空气无疑将不再以看不见的流体形式存在，它将回到液态，这就会产生一种我们迄今未知的新液体。他的伟大预言一直激励着人们试图实现气体的液化，或者尝试达到极低的温度。

法拉第是 19 世纪电磁学领域中最伟大的实验物理学家。他生于伦敦近郊的一个小村子里，父亲是个铁匠，家境十分贫寒，所以法拉第的青少年时期没有机会受到正规的学校教育，只是学了一点读、写、算的基本知识。但他勤奋自强，自学成才，完全凭借自己的努力、胆略和智慧，从一个书店报童到装订书的学徒再到皇家研究院实验室的助理实验员，最后成为一名著名的实验物理学家。

1823 年，法拉第开始了气体液化的实验研究。当时，他正在皇家学院的实验室做戴维的助手。有一天，法拉第正在研究氯化物的气体性质，他用一根较长的弯形玻璃管进行他的实验：把一种氯化物装在管子的较长端，然后密封玻璃管的两端，加热管子的较长端，他突然发现在

法拉第开始气体液化的实验

玻璃管的冷端出现了一些油状的液滴，法拉第马上就意识到，这液滴是氯。由于加热，密封管中的压强必然增大，但只有冷端收集到液态的氯，这说明影响气体液化的因素不只是压强，除了压强之外，还有温度。1826年，法拉第又做了一个实验，这次他将管子的短端放在冰冻混合物中，结果收集到的液氯更多了。从这以后，法拉第开始对其他气体进行研究，他用这种方法陆续液化了硫化氢、氯化氢、二氧化硫、乙炔等气体。到了1845年，大多数的已知气体都已经被液化了，而氢、氧、氮等气体却丝毫没有被液化的迹象。当时有许多科学家认为，它们永远也不会被液化了，它们就是真正的"永久气体"。

然而，实验家们并没有就此罢休，他们设法改进高压技术，试图用增大压强的方法来使这些"永久气体"液化。有人将氧和氮封在特制的圆筒中，再沉入海洋约1.6千米深处，使压强大于200个大气压；维也纳的一位医师纳特勒在19世纪中叶曾选出能耐300大气压的容器来做实验，但最终都未成功，空气始终未能被液化。

（二）是谁发现了临界点？

法国物理学家卡尼承德·托尔，在1822年曾做过一个实验，他把酒精装在一个密闭的枪管中，由于看不见枪管中发生的现象，他就设法利用听觉来帮助自己。他将一个石英球随酒精一起封进枪管内，利用石英球在液体中滚动和在气体中滚动所发出的不同声音来辨别枪管内的酒精是液态还是气态。他发现在足够高的温度时，酒精完全变成了气态。

为了搞清楚这个过程是怎样发生的，他改用密封的玻璃管进行实验，在管内充入部分酒精，一边加热一边观察。然而，尽管玻璃管很坚固，每当液体只剩一半时，玻璃管就会突然爆炸。这到底是为什么呢？他再一次进行上述实验，结果玻璃管还是毫不例外地发生了爆炸。经过多次反复的实验，托尔最后得出结论：当酒精加热到某一温度时，将突然全部转变成气体，这时的压强将达到119个大气压。当然，在这样大的压强下，什么样的玻璃管也将会发生爆炸的。

托尔对酒精汽化现象的研究，引起了人们的重视，人们纷纷开始对其他液体进行研究，发现任何一种液体，只要是给它不断地加热，在某一温度下，它都会转变成气体，这时容器内部由气体产生的压强将显著增大。就这样，托尔对气液转变现象的研究，使他成了临界点的发现者。然而，遗憾的是，当时托尔对此并不能解释，直到1869年，安德鲁斯全面地研究了这一现象，才搞清楚了气液转变的全过程。

安德鲁斯是爱尔兰的化学家，贝伐斯特大学化学教授。1861年，他用了比别人优良得多的设备从事气液转变的实验。他从托尔的工作中吸取了经验，托尔用酒精做的实验是相当成功的。后来安德鲁斯换用水来做这个实验，但由于水的沸点太高，压强要大到容器无法支持的地步，因此没有做成这个实验。于是，安德鲁斯就选了二氧化碳（CO_2）作为工作物质。他把装有液态和气态的二氧化碳的玻璃容器加热到30.92℃时，液气的分界面变得模糊不清，失去了液面的曲率，而温度高于30.92℃时，则全部处于气态。当温度高于这个数值时，即使压力增大到300或400个大气压，也不能使CO_2液化，他把这种气液融合状态叫临界态，这个温度值叫临界温度。在这些实验的启示下，人们进而设想每种气体都有自己的临界温度，所谓的"永久气体"可能是因为它们的临界温度比已获得的最低温度还要低得多，只要能够实现更低的温度，它们也是可以被液化的。问题的关键在于寻找获得更低温度的方法。

（三）第一个被液化的"永久气体"——氧

在"永久气体"中，首先被液化的是氧。1877年，几乎同时有两位物理学家分别实现了氧的液化。一位是法国人盖勒德，一位是瑞士人毕克特。

盖勒德早先是矿业工程师，他最初也是试图通过施加高压强来使气体液化。他用的工作物质是乙炔，乙炔在常温下，大约加到60个标准大气压就足以液化。可是盖勒德的仪器不够坚固，不到60个标准大气压就突然破裂了，被压缩的气体迅速跑出去，就在容器破裂的瞬间，他注意到器壁上形成了一层薄雾，很快就又消失了。他立即醒悟到，这是因为在压强消失之际，乙炔突然冷却，所看到的雾是某种气体的短暂凝结，不过当时盖勒德却把它误认为是乙炔不纯，含有水汽所凝结成的水雾。于是，他从化学家贝索勒特的实验室里要了一些纯乙炔，再进行试验。实验的结果还是出现了雾，这样，他才断定这雾原来就是乙炔的液滴。盖勒德的乙炔实验虽然走了一点小弯路，但却找到了一种使气体液化的特殊方法。

在容器破裂的瞬间，他注意到器壁上形成了一层薄雾

接着，他尝试使空气液化，以氧作为他的第一个目标。他之所以首选氧，是因为纯氧比较容易制备。他将氧气压缩到300个标准大气压，再把盛有压缩氧气的玻璃管放到二氧化硫的蒸气中，这时温度大约为−29℃，然后再让压强突然降低，果然在管壁上又有薄雾出现，他重复做了这个实验很多次，结果都是一样，最后盖勒德肯定，这薄雾就是液态氧。

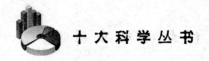

有趣的是，正当盖勒德在法国科学院报告这一成果时，会议秘书宣布了不久前接到的毕克特的电报，电报说他在 320 个标准大气压和 −140℃下联合使用硫酸和碳酸，液化氧取得了成功。

虽然盖勒德的实验只是目睹了氧的雾滴，并没有把液态氧收集到一起保存下来，然而他的方法却在后来其他气体的液化中得到了应用。

（四）征服另一个"永久气体"——氢

1895 年以后，低温物理学在工业上的应用与日俱增，主要用途是为炼钢工业提供纯氧。正在这个时候，英国皇家学院的杜瓦为研究绝对零度附近的物质的性质，也在致力于解决低温的技术问题。1885 年，他改进了前人的实验方法，获得了大量的液态空气和液氧，并在 1891 年发现了液态氧和液态臭氧都有磁性。1898 年，杜瓦发明了一种特殊的绝热器，当时叫做低温恒热器，后来也称为杜瓦瓶。他将两个玻璃容器套在一起，联成一体，容器之间抽成真空，这样的瓶就可以盛大量液氧了。1893 年 1 月 20 日杜瓦宣布了他的这项发明。1898 年，杜瓦用自己的新型量热器实现了氢的液化，达到了 20.4K 的低温，第二年实现了氢的固化，靠抽出固体氢表面的蒸气达到了 12K 的低温。

杜瓦以为液化氢的成功开启了通过绝对零度的最后一道关卡，谁知道他的残余气体中竟还有氦存在。他和助手们想了很多办法，经过数年的努力，但终未能实现氦的液化。

（五）向更低的温度进军

正当世界上几个低温研究中心致力于低温物理研究时，从事低温领域研究的最出色的是荷兰物理学家卡默林·翁尼斯。他以大规模的工程来建筑他的低温实验室——莱登实验室。他的实验室的特点是：把科学研究和工程技术密切结合起来，把实验室的研究人员和技师组织起来，围绕一个专题，分工负责，集中攻关。相比之下，他的低温设备规模之大，使同时代以及早于他的著名实验室的设备简直变成了"小玩具"。

这样，翁尼斯领导的低温实验室——莱登实验室成了国际上研究低温的基地。

1908 年的一天，历史性的日子终于到来了，这一天的实验室工作是从早晨五点半开始一直工作到夜间九点半。全体实验室工作人员都坚守在各自的工作岗位上，他们正在进行氦的液化实验，他们是多么渴望看到人类从没有看到过的液化氦啊！可是，氦气能够液化吗？大家都在担心着。墙上的挂钟"滴嗒滴嗒"地响个不停，时间在一秒一秒地消逝。人们屏住了呼吸，全神贯注地注视着液化器。他们先把氦预冷到液氢的温度，然后让它绝热膨胀降温，当温度低于氦的转变温度后，再让它节流膨胀，然后再降温，这一系列的过程在液化器中反复多次地进行着。终于在下午六点半，人类第一次看到了它——氦气被液化了！初看时还有点令人不敢相信是真的，液氦开始流进容器时不太容易观察到，直到液氦已经装满了容器，事情就完全肯定了。当时测定在一个大气压下，氦的沸点是 4.25K。莱登实验室的所有人都异常兴奋，奔走相告，互相祝贺，欢笑的声浪传向全世界。

莱登实验室的全体工作人员并没有满足于已取得的成绩，在翁尼斯的指挥下，他们快马加鞭，乘胜前进，继续夜以继日地工作着。他们了解，如果降低液氦上的蒸气压，那么随着蒸气压的下降，液氦的沸点也会相应降低。他们这样做了，并且在当时获得了 4.25K～1.15K 的低温。

当然，在无边无际的宇宙里，按我们的标准来看许多物质是处于极低温状态的，但是在地球上，人类以自己的智慧和劳动踏入了从未进入过的奇异低温世界。自 1908 年以来，人类经过了 93 年的研究，在这个奇异世界里，人们发现了许多奇异的现象，其令人神往之处不亚于南北极的冰天雪地，胜过宇宙中的低温，因为在这里人们可以控制实验室条件，细心地观察新的事物。在现代，液氦制冷的低温技术仍是低温领域

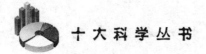

莱登实验室的所有人都异常兴奋

中的重要手段，大量的实验工作离不开氦液化器……人们有理由为此感到自豪，同时也期待着，在这个低温世界里会看到怎样更新天地啊！

三、揭开超导研究的序幕

（一）发现零电阻现象

事物都是一分为二的，导体的一方面有善于导电的性质，另一方面又对电流有阻碍作用。这是因为自由电子在定向运动中，还不时地和处于晶格点阵上的正离子相互作用而产生碰撞，从而阻碍自由电子的运动。这种对运动电荷的阻碍作用称为电阻。在一般情况下，所有导电的物体，即使导电性能最好的银，也有电阻，电流通过时，仍然会发热，造成损耗。这是在常温下物体的性质，那么在温度为 4.2K，乃至更低的温度下，物体的性质有什么变化呢？

1911年，翁尼斯和他的助手们在实验中发现了一个特殊的现象：当金属导体的温度降到10K以下时，其电阻会明显下降，特别是当温度低于该金属的特性转变点以下时，电阻会突然下降到10^{-9}欧姆以下。这种现象是以前没有发现的，大家对此都非常感兴趣，于是他们取水银作为研究对象。一天，当他们正在观察低温下水银电阻的变化的时候，在4.2K附近突然发现：水银的电阻消失了！这是真的吗？他们简直不敢相信自己的眼睛了。他们在水银线上通上几毫安的电流，并测量它两端的电压，以验证水银线上的电阻是否真的为零。结果他们发现，当温度稍低于−269℃（4.2K）时，水银的电阻确实突然消失了。毫无疑问，水银在4.2K附近，进入了一个新的物态。在这一状态下，其电阻实际变为零。

−269℃时，水银的电阻确实突然消失

　　翁尼斯和他的助手们反复研究了这一现象，他们把这种在某一温度下，电阻突然消失的现象叫超导电现象，把具有超导电现象性质的物质叫做超导体，把物质所处的这种以零电阻为特征的状态，叫做超导态。尽管翁尼斯等人已经明确给出了超导体的一些明确定义，但是要识别零

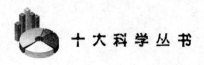

电阻现象并不是很容易做到的。在当时的实验条件下，用仪表直接测量来证明水银的电阻为零，实际上是很难做到的。于是翁尼斯又设计了一个更精密的实验：他将以前的装置进行了简化和改进，把一个铅制的圆圈放入杜瓦瓶中，瓶外放一磁铁，然后把液氦倒入杜瓦瓶中使铅冷却变成超导体，这时如果将瓶外的磁铁突然撤除，铅圈内便产生感应电流。如果这个圆铅环的电阻确实为零，这个电流就应当没有任何损失地长期流下去，这就是著名的持续电流实验。实际上，在1954年，人们在一次实验中开始观察，这个电流从1954年3月26日开始，一直持续到1956年9月5日，在长达二年半的时间里，持续电流未见减弱的迹象。最后，由于液氦供应中断才使实验中止。这就是说，圆环里面的电子，好像坐上了没有任何摩擦的转椅，一旦转动起来，就一直转下去，几年停不下来，永远也停不下来了。

直到目前为止，还没有任何证据表明超导体在超导态时具有直流电阻。最近，根据超导重力仪的观测表明，超导体即使有电阻，电阻率也小于 10^{-25} 欧姆·米，和良导体铜相比，它们的电阻至少相差 10^{16} 倍，这个差别就好像用　粒直径比针尖还要小的细砂去和地球与太阳之间的距离相比，这真是天壤之别了。可以认为，超导体的直流电阻就是零，或者说，它就是一个具有完全导电性的理想导体。

低温技术的发展，使人们获得了比液氦温度更低得多的温度。对大量金属材料在低温下检验的结果表明，超导电性的存在是相当普遍的。目前已发现20多种金属元素和上千种的合金化合物具有超导电性。从元素周期表中，我们可以看到：金、银、铜、钾、钠等金属良导体是不超导的；铁、钴、镍等强铁磁性或强反铁磁性物质也是不超导的，而那些导电性能差的金属，如钦、锆、铌、铅等都是超导体。

为什么金属良导体反而不是超导体？为什么超导体对直流电是完全导电的理想导体，对交流电却有电阻呢？人们在更进一步探索新事物本质的过程中，这些问题逐一得到了解答。

（二）另一个"新大陆"

1911年翁尼斯在发现超导电性的同时，还发现，超导电性能够被足够强的磁场所破坏，但是人们的注意力当时集中在零电阻现象上，一直认为零电阻是超导体的唯一特性。一直到20世纪30年代，荷兰人迈斯纳和奥森菲尔德按照翁尼斯的发现，对围绕球形导体（单晶锡）的磁场分布进行了细心的实验测量。他们惊奇地发现：对于超导体来说，不论是先对其降温后再加磁场，还是先加磁场后再降温，只要是对它施加磁场，而且锡球渡过了超导态，在锡球周围的磁场都突然发生了变化，当锡球从非超导态转入超导态时，磁力线似乎一下子被排斥到超导体之外，这就是说，超导体内部的磁感应强度总是零。这个现象叫超导体的完全抗磁效应，由于是迈斯纳等人具体操作发现的，所以也叫迈斯纳效应。为了观察和了解超导体的完全抗磁性，迈斯纳等人又设计了一个简单易观察的实验，让我们来了解这个效应。

在一个长圆柱形超导体样品表面绕一个探测线圈，沿着样品的轴线方向加一个磁场。这时，长圆柱形样品的磁通量增加，线圈中就出现瞬时电流，这时电流计指针就向正方向转过一个角度。然后慢慢冷却样品，当温度经过转变温度点时，电流计指针突然出现一个反方向转角，偏角的大小与正向偏角相等。然后无论是撤出或是增加外磁场，电流计的指针再也没有丝毫偏转。为什么会出现这样的实验现象呢？原来，当圆柱形样品被降温经过临界温度时，探测线圈内出现了一个和当初加上外磁场时大小相等、方向相反的瞬时电流。根据电磁感应定律，我们可以知道，产生这个电流的原因，是因为磁通量的减少。

这就告诉我们，在物体进入超导态的那一瞬间，穿过样品的磁通量突然全部被排出去了。这以后人们也进行了很多实验，所有的实验结果都表明：只要样品处于超导态，它就始终保持内部磁场为零，外部磁场的磁力线统统被排斥到体外，无论如何也无法穿透它。

（三）超导体是单纯的理想导体吗？

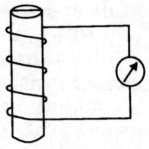

人们常常喜欢用流体的流线来比喻磁场的磁力线，我们也可以这样来比喻超导体的完全抗磁性。在临界温度以上，处于外磁场中的超导体和普通金属导体一样，好像一只浸泡在河水中的竹篮子，河水可以自由地从篮子里面穿过。而当温度一旦降低到临界温度以下时，竹篮子的器壁突然变得致密起来，变成了一只滴水不透的木桶了，河水只能从它周围流过。为什么会有这种情况出现呢？原来在超导体的表面产生了一个无损耗的抗磁超导电流，正是这个抗磁超导电流产生的磁场恰好将超导体的内部磁场抵消了。

当温度经过转变温度点时，电流计指针突然出现一个反方向转角

既然超导体可以无损耗地传输直流电流，可是任何电流都必然要产生磁场，而超导体的完全抗磁性又不允许内部有任何磁场存在，那么这个矛盾怎样解决呢？

当电流沿着一个圆筒形的空心导线流过时，它产生磁场的情形是我们大家都熟悉的。这时候电流只是均匀地分布在圆筒的各个部分，圆筒的心部（空心部分）没有电流。由于圆筒的对称性，它的各部分上的电流在心部所产生的磁场彼此恰好抵消，因此心部合磁场为零。电流的磁场只分布在圆筒及其外部空间上。超导体传输直流超导电流时的情形也是这样，超导电流只存在于超导体表面的薄薄的一层，叫做穿透层，超导体内部不允许有任何宏观电流流过，就好像一个薄薄的圆筒形导线一样。超导电流的磁场只分布在穿透层及其外部空间上。这样既完成了传输超导电流的任务，又不会在超导体内产生任何磁场。

超导体和正常金属中，电流的分布是不同的。假如一根超导线两端

和铜线相连，那么在铜线中流过的是正常电流，它均匀地分布在整个铜线的横截面上，在超导线中流过的是超导电流，它分布在超导体表面的薄薄的穿透层中。我们可以把铜线比做宽阔平坦的公路，超导体就可以说是一条有街心公园的大街，车辆只能从两侧驶过。在两端的接头处，发生了正常电流和超导电流之间的转化。

超导体的完全抗磁性是无法用超导体所具有的完全导电性来解释的。因为一个电阻为零的单纯的完全导体，它只能保证自己内部的磁通量不再发生任何变化，原有的磁通量不会失去，新增的磁通量也不能进来。内部磁场是否为零，取决于超导体原来的状况，就是要由它的历史状态来决定。但是实验中所观察到的超导体的性质却不是这样。由于超导体的完全抗磁性，不管原来内部有没有磁通量，一旦变成超

样品处于超导态时，磁力线统统被排斥到体外

导态，立即将全部磁通量都排斥出去，内部磁场永远为零，和历史状态无关。可见，完全抗磁性和完全导电性是超导体的两个基本特性，它们彼此之间不能由一个推导出另一个。因此，我们不能说超导体是单纯的理想导体，或单纯的理想抗磁体。

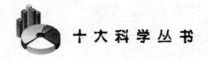

四、解开超导之谜

（一）时机已经成熟

科学的任务要求我们不断地发现新事物并为它的应用开辟道路，不仅要发现新现象，还要揭示它的本质。超导体既不是单纯的理想导体，又不是单纯的理想抗磁体，那它到底是什么呢？

在探索超导体本质的科学实验过程中，随着它的性质一个又一个地被揭示出来，人们的认识也一层又一层地逐步深化。有这样一个实验现象引起了人们的极大兴趣：我们将超导体在转变过程中不和外界发生热量交换，将超导体放入一个绝热器中，给它加一个非常大的磁场，这样超导体在大磁场的作用下将转变为正常态，这个磁场叫超导体的临界磁

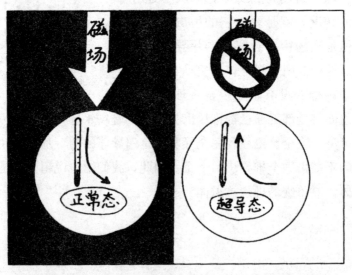

超导体由超导态转变成正常态时要吸收热量，反之要放热

场。这时候，转变为正常态的超导体，它的温度将下降；相反，还是在这个绝热器中，撤掉外加磁场，使它回到超导态，它的温度又将升高。如果我们设法保持温度不变，即在等温条件下转变，我们发现当外加磁场超过临界磁场，超导体由超导态转变为正常态时要吸收热量，反之则要放热。这种伴随着热量变化的状态改变，使人们想到了相变。

相变对我们来讲并不陌生。春天来了，和煦的阳光照着大地，冰雪消融，化作涓涓细流，汇入江河湖海。这是水从固相变成了液相，也叫固态变成了液态。根据日常的经验，我们知道，冰雪化成水时，要吸收许多热量，常常造成气温下降。"下雪不冷化雪冷，春天冻人不冻地"这一句俗语说的就是这个道理。固体受热变成液体，所吸收的热量叫熔解热。盛在敞口容器里的水会慢慢地枯竭，晾在院子里的湿衣服会逐渐变干，开水壶里的水越烧越少，这都是因为水变成水蒸气跑到空气中去了，这时水从液态就成了气态。手沾水后感到凉；水在沸腾时尽管在火炉上继续加热，但温度并不升高。这些现象都说明液体在汽化时要吸收热量，这个热量叫做汽化热。

自然界许多物质都是以固、液、气三种形态存在着的，并且这三种形态可以互相转变。物质的这种形态叫做相（或者态），不同形态之间的转变叫相变。伴随着相变而吸收或放出的热量叫物质的潜热。

对于有些物质来说，固态的存在形式往往有很多种。许多固体在不同的温度和压强下，内部的粒子（分子、原子等）有各自不同的规则排列，即各种不同的点阵结构，不同的点阵结构的固体也属于不同的相。因为固体从一种点阵结构变为另一种点阵结构的过程，也是一种相变，称为同素异晶转变。固体的这种相变，也伴随着热量的变化。

超导体由正常态到超导态的转变过程中，有潜热发生，因此也是一种相变，也就是说，超导态是固体的一种新的状态。处于超导态的超导体既不是简单的理想导体，也不是简单的理想抗磁体，它与导体、半导

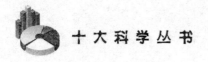

体和绝缘体有着本质的区别。当我们认识了超导态与正常态之间新的相变过程之后，可以说，我们对超导体的研究已经更加深入了一步。由于近半个世纪许多物理学家的辛勤劳动成果的积累，揭开超导之谜的时机已经逐渐酝酿成熟，应该是瓜熟蒂落的时候了。

（二）找到了金钥匙

自然界中的所有相变，虽然彼此是不同的，各有它们自己的特殊性，但是在微观上看来，却都具有一个共同的地方，就是物质在发生相变的时候，都伴随着组成物体的微粒的分布秩序的变化。

用 X 光对超导体内部结构的检验表明，在正常态向超导态转变前后，物质的晶格结构并没有变化，超导态物质的原子和正常金属原子一样，整齐地排列在晶格上。事实上，超导体内部秩序的改变并不是发生在原子之间，而是发生在更小的微粒——电子之间。

超导体在正常态时，它的原子失去部分电子而以离子形式排列在晶格上，脱离原子的自由电子弥散在整个导体内部，形成了"电子气"，这时的电子是全然没有秩序的。进入超导态以后，自由电子不再是完全没有秩序的气体，而是同具有一定秩序的液体分子很相似了。其中一部分电子俩俩携起手来，结成了有秩序的电子对。随着温度的降低，结成电子对的电子越来越多，从而秩序越来越好。当温度无限接近于绝对零度的时候，所有可能结成对的电子都成为有秩序的电子对了。这时，电子就从漫无秩序变成井然有序了。所以超导态和正常态的最基本的区别就在于超导态中存在着有秩序的电子对，它的完全导电性，完全抗磁性，全都是由这种有秩序的电子对引起的。

电子都带有负电荷，同性电荷互相排斥，但超导体内的电子却能互相结合，形成电子对，这是为什么呢？原来在他们之间除了静电斥力之外，还有一种通过晶格振动的间接作用而引起的吸引力。间接作用是一种相当普遍的现象，在日常生活中我们经常会看到这样的情形：在一座铁索桥上，相隔一定的距离走着甲、乙两个人，当甲行走时，使铁索摇晃，因而乙也随着摇晃起来，这就是甲和乙之间的间接作用现象。在超导体内，组成晶格的离子，以一定的作用力相互作用着，每个离子的运动都是彼此关联的，它们的运动是作为不可分割的整体进行的集体运动。这种集体运动的结果，形成了一个以声速在晶格上传播的叫做格波的波动。当一个电子和晶格发生了作用，电子的动量发生了改变，晶格的运动也发生了改变；下一时刻另一个电子也可能和晶格发生了作用，恰好使晶格恢复了原来的格波运动。这样，通过电子—晶格作用，晶格的运动没有改变，两个电子的动量却发生了变化，这就是它们之间的间接作用。

通过大量的计算，人们得知，由晶格引起的这种间接作用是吸引力。很显然，这种作用越强，吸引力就越大。处于正常态的超导体，随着温度的降低，电子热运动逐渐减弱，当温度达到临界温度时，电子间的间接作用力大于静电斥力，电子间的总作用力是吸引力，这样电子便俩俩结合成为有秩序的电子对。物体由正常态转变为超导态时，温度越低，电子间的吸引力越强，结成的电子对就越多。反之，处于超导态的超导体，随着温度的升高，由于热激发，有些电子对吸收了一定能量，

这样，电子便俩俩结合成为有秩序的电子对

便拆开为单个电子。温度越高，拆开的单个电子越多，电子对就越少。当温度超过临界温度时，电子对全部拆开成为单个电子，超导电性消失，物体便处于正常态了。

就是这样，当一切问题在物理学家的手里——得以解决之后，超导之谜也就大白于天下了！1972 年，全世界许多人都以尊敬的目光注视着美国科学家巴丁在这一年再度获得诺贝尔奖金，成了世界上唯一的两次获得诺贝尔物理奖的人。这次，他是和两名年轻的物理学家库柏和徐瑞弗共同获得的。他们终于成功地用电子对阐明了物理学上长期的疑难问题——超导电现象，建立了微观超导理论，现在通常把他们所建立的超导微观理论称为 BCS 理论。有了科学的理论，也就找到了解决种种疑难问题的钥匙。

五、一派春光在前

从历史学家的眼光看来，21 世纪已经来临，而科学家们在回顾 20 世纪已度过的时光和展望未来时，对超导电的发现、发展感到欢欣鼓舞，一派春光在前。在短短的几十年里，数以千计的超导磁体在工作着。各种大规模的磁体正广泛应用在各个领域，装备着许多现代化的实验室，用于一系列的尖端科学研究。

超导发电机的诞生，使得发电机的输出功率一下子提高了几十倍、几百倍，使得电子技术的发展进入了一个崭新的历史阶段。磁流体发电已应用于军事上的大功率脉冲电源和舰艇电力推进的技术上。

利用超导磁体实现磁悬浮，使我们的列车像插上了神奇的翅膀，车一开动，很快就可以加速到时速 50 千米，跑过五六十米的一段距离之后，便在轨道上悬浮起来。当时速超过 550 千米时，前进的阻力只是空气的阻力了，如需要再进一步减少阻力，可以设想在真空管道中运行，时速可以提高到 1600 千米，可以想像，21 世纪的超导列车将是怎样的风驰电掣啊！据报道，日本国铁公司超导电磁悬浮实验车，于 1979 年底创造了时速 504 千米的记录。看来，这种给交通运输带来革命的新式交通工具的诞生，已不是遥远的事情了。

少年朋友们，我们好像是坐上了高速的超导列车，纵览了半个多世纪以来低温超导理论创立的全过程，除去一桩桩饶有兴趣的发现，一个个引人注目的实验结果，一个个激动人心的场景之外，我们还得到了更深的启示：探索自然界的秘密是永无止境的，它要求我们斗争不息，奋进不止，去迎接激烈的国际竞争，把祖国的科学技术推向世界的前列！

未来总是属于青少年的，你们将以你们的青壮年迎接超导科学技术发展的青壮年阶段，你们将有幸继续向前探讨更新的天地。用你们的智慧，用你们的双手去开创美好的未来吧！

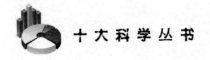
原子有核结构的发现

——α散射实验

原子，作为物质组成的一种主要微粒，在科学技术高度发达的今天，已不再是鲜为人知的外来词。就连其复杂的内部结构，也不是深不可测的未知世界。"原子是由原子核及核外绕核高速运动的电子组成的"，这是众所周知的原子核式结构理论。然而，这一理论的形成绝非某些人的主观臆想，它的形成经历了其自身的发展阶段，凝聚了科学家们的智慧与心血。厄内斯特·卢瑟福在确凿的实验基础上提出了这一原子核式结构理论。

一、打开原子世界的大门

早在19世纪初，科学家们就通过对一系列物理和化学现象的研究，已初步认识到：原子只是在化学反应中保持元素性质不变的最小微粒，而不是在物理结构上不可再分的最小微粒，原子可能有自身的内部结构。那么，原子的构造究竟是怎样的呢？

原子的尺寸太小了，人们还不可能用肉眼对它的内部结构进行直接的观察。人们能够直接捕捉到的一些原子信息，只是一些宏观现象，比如原子光谱、元素周期变化的性质、各种电子现象、天然放射现象等等。在这种情况下，人们要探测原子的内部结构，就需要靠人们依据一定事实的想像，用模型化的方法来探索它。

所谓模型化的方法，就是通过对人们构想出来的某种模型的研究来达到对模型所模拟事物原型的认识的一种研究方法。这种方法是人们在探索未知领域过程中的一种重要手段。模型可以是一种定性的描述，例如利用某种实物或图像，因而具有直观性、形象化的特征；模型也可以作定量的处理，例如，建立某种数学模型，从而深刻揭示出被模拟对象的某些内在的本质联系。模型可以在科学事实和科学理论之间起到桥梁作用。运用模型化的方法不仅可以解释已知现象，而且可以在模型的基础上，建立起新的科学理论，从而预言更多的未知现象。

科学家们在企图打开原子世界的大门，对神秘的原子世界进行探索的时候，正是利用了原子模型这一有利的科学工具。

（一）形形色色的早期原子模型

最早在实验科学的基础上提出原子有内部结构概念的科学家是安培，他认为，化学元素的原子是由更细小的亚原子粒子组成的。他为了解释磁现象，还曾提出过有关分子环电流的假设。在以后的几十年里，科学家们对原子的结构纷纷提出自己的设想。德国科学家费希纳于1828年从安培的观点中得到启发，设想每个物体是由一些类似太阳系一样，尺寸很小的原子组成，每一个"太阳"原子都伴随着一些较小的"行星"原子，像天体一样由万有引力联系起来。

后来，韦伯于1874年到1875年间，又在费希纳模型的基础上作了进一步的改进。他认为重的"太阳"原子和几乎没有重量的"行星"原子都是带电的，因此维系它们的力是电力。但他认为中心的重粒子带负电，围绕它旋转的轻粒子带正电。以上所说的这些模型的最大困难在于，这些组成原子的微粒都是一些假想出来的物质，没有任何实验根

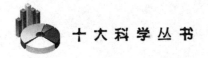

每一个"太阳"原子都伴随着一些较小的"行星"原子

据。直到 19 世纪末，电子和天然放射现象被发现后，原子模型的构想才开始建立在经过实验发现的粒子的基础上。

正当德国物理学界沉浸于热辐射问题研究的时候，其他国家的大多数科学家都在 19 世纪末物理学三大发现的鼓舞下，不仅掀起了一股研究各种射线的热潮，而且也为揭示原子结构的奥秘重新设想了各种各样的模型。

（二）开尔芬的"涡旋原子"

开尔芬在 1867 年曾经提出过"涡旋原子"的模型，他在当时科学实验所提供的信息的基础上设想出，原子可能不是一个密不可分的颗粒，而是由一些做涡旋运动的更小微粒组成的。后来，他在 1901 年，又提出了一种新的原子模型，认为原子是由带正电的均匀球体所组成，带负电的电子以独立的形式分布在原子球体内。这些电子在原子内能自由地运动，并受到一个指向原子中心的电力作用。原子球内，正负电荷相同，因此对外表现为中性。当电子离开原子时，可能会以超过光速的速度飞出，这时物体就是放射性的。开尔芬的这个原子模型是有一定的合理成分的。当年居里夫妇从事放射性研究时，主要的依据就是这个原子模型，显然，这种模型是非常成功的。但是，它毕竟还不是一个完美的理想模型，它的成功还具有一定的局限性。利用这种模型，不能解释原子光谱和元素性质的周期性，它也没有对原子的稳定性给予完备的说明，所以，根据历史的发展规律，它必将被新的更科学、更合理的原子模型所取代。

（三）成功的"葡萄干面包"

J．J．汤姆逊是第一个用实验的方法证明电子存在的人，他早就认为原子理论中，最关键的问题是对门捷列夫元素周期律的解释。1897年他发现电子的时候就暗示了束缚在原子中的电子，可能提供了元素周期律，换句话说，元素的周期性可能是由元素的原子中的电子决定的。他的这个预见性的想法，现在已被证实是何等的正确！

他在设想原子模型的时候，受到了迈耶尔关于磁悬浮体实验的启发，迈耶尔将一些磁针插在木塞里，然后将它们放在一碗水中，这些磁针在碗上方中央一块磁铁所形成的中心磁场的作用下，会形成整齐的稳定排列。汤姆逊把这个实验与电子在原子正电球内的排列联系起来。于是，他着重考虑了漂浮在正电球中的电子数目和它们的排列顺序。为了维持原子的稳定性，他设想电子可能是按一定顺序排列的。经过一定的计算后，他认为当电子数少于 4 个，至少 2 个时，这些电子有规则地排列在与中心保持等距离的位置上；然而，当它们的数目超过 4 个时，它们就要分布在一些同心圆环或同心球壳上，这些环或壳上的电子数呈周期性排列，电子在自己的平衡位置附近振动。

J．J．汤姆逊的这个模型有一点像西方人吃的那种夹了葡萄干的面包，又像是一只红瓤黑子的西瓜，所以历史上被人们称之为"葡萄干面包"模型或西瓜模型。这个模型的成功之处在于它保持了原子的稳定性

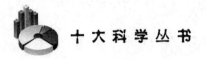

"葡萄干面包"

并解释了元素的周期性。这个模型在当时众多的关于原子的描述中是最科学、最成功的模型，而且长时间地占据主导地位。但是，它在解释光谱现象和放射性时遇到了很大困难。

（四）来自地球另一侧的设想

就在汤姆逊构思"葡萄干面包"模型的时候，在地球另一侧日本东京大学的科学家长冈半太郎提出了另一种原子模型。

他认为原子是由许多电子围绕一个带正电的重核旋转的体系，就像土星和它的圆环一样。由于这些电子在各自的圆环上振动而发光，在不同圆环上的电子会产生不同的振动方式，具有各自不同的固定振动频率，所以就形成了分立的线光谱。但这样必须假设每个原子都要有许多电子绕核旋转，这就无法对元素的周期性给予解释。他还根据天文学上关于土星环运动稳定性的研究，得出了他的模型中环的运动方程。但他所提出的模型，远不如"葡萄干面包"模型影响大。

在以上所谈到的众多原子模型中，我们看到了每种模型都有自己的成功之处，但每种模型又都有自己的局限性，它们中还没有一种模型能解释所有的原子所表现出的性质。所以，人们还需要不断地去探索，去寻找那个合理而又科学的原子结构。英国物理学家厄内斯特·卢瑟福，一生为此付出了大量心血，做了大量的科学实验，最后终于发现了确凿的理论根据，建立了迄今为止最科学、最合理的原子核式结构模型。

二、卢瑟福与他的时代

（一）家庭、童年和学生时代

卢瑟福的祖籍是苏格兰，祖上世代为农民兼手工业者，后来迁移到新西兰。厄内斯特·卢瑟福出生在与他终生结下不解之缘的卡文迪许实验室成立并动工建筑的同一年，即 1871 年。勤劳、奋斗和实干的家庭，使他从小就懂得从实际出发，通过自己的脑和手进行创造性的劳动，才是人生价值的真谛。

卢瑟福童年时生活在一个多子女的大家庭里，贤慧而有教养的母亲把教师之心和母爱倾注在对 12 个孩子的抚养上，她教育孩子们要兄弟姊妹友爱互助，让他们朗读书籍，相互倾听、启发和纠正。有时，她像教师那样把地图挂到墙上，向孩子们讲解国内外地理和时事新闻。她有一架钢琴，而且弹得很好，优雅的琴声，孩子们的歌声，使卢瑟福经常陶醉于家庭之爱和音乐的享受中。喜欢音乐和朗读后来成了卢瑟福的爱好。但是，天有不测风云，他 13 岁时，两个弟弟在佩洛鲁斯海峡的一次翻船事故中被淹死，他的父亲在岸边寻找尸体长达几个月之久。从此，家中再也听不到母亲的琴声，母亲长期处于悲痛之中，卢瑟福因此受到很大的刺激，他暗下决心，一定要发奋努力，为家族争光，以分担父母的悲伤和家庭的负担。

卢瑟福在学生时代，以数学好著称。但是，把他首先引向科学研究领域的却是实验家毕克顿教授。毕克顿教授在为他写的1851年大英博览会奖学金证书中写道："从一开始，他就对实验科学展示出不凡的素质，并且在研究工作中表现出高度的创造性和能力……"并进一步介绍卢瑟福的品德说："就个人而言，卢瑟福先生有着如此敦厚的性情和那么愿意帮助其他同学克服他们的困难，也热爱所有曾经同他接触过的人。"

卢瑟福在坝特伯雷学习的4年中，曾多次获得奖励，同时获得了几个学位，并参加了一些学术组织，在各项活动中都表现出积极、主动热情的品格，并任过负责人。在学习期间，为了贴补费用，他曾在中学任过短期代课教师，也做过家庭教师。在大学一年级的年末，他寄住在女房东赖因齐·牛顿家里，她是一个有4个女儿的寡妇，后来卢瑟福与她的长女玛丽·牛顿相爱，并私定终身。卢瑟福是一个对父母、对师长、对朋友和爱人感情始终专注、忠诚的人，他一旦与玛丽·牛顿有了感情，便忠贞不渝，从未对别的女人产生这样的感情。1895年，大英博览会奖学金考试，卢瑟福终于被录取。为了科学上锦绣前程的生涯，他不得不与未婚妻告别，去到当时著名的科研中心——英国剑桥大学三一学院的卡文迪许实验室做研究生。从此，卢瑟福正式走上了神圣的科学研究道路，就是在这条艰苦而又伟大的道路上，他以 α 射线为武器，成功地打开了原子的大门，建立了原子核式结构理论，写下了科学史上不朽的篇章。

（二）看不见的光线

X 射线并不是核现象，但它却是导致核现象的起因，所以在我们了解 α 射线之前，我们的故事从 X 射线的发现讲起。

一提起 X 射线，我们马上会联想到医院里的 X 光室。在那里，医生可以为你透视肺部，看看肺里有没有病；手脚骨折了，医生也要叫你先拍一张 X 光片，看看骨头坏了没有，伤在何处，然后再进行治疗。X 射线除了能诊断疾病之外，在工业、科学研究等领域也发挥了重要的作用。但这 X 射线在 19 世纪初还没有一个人认识它。

　　19 世纪末，许多物理学家在实验室中进行模拟雷电研究时，发现了阴极射线这种物质，当时世界各国的各大实验室都在致力于研究这种射线。在研究阴极射线的热潮中，德国维尔茨堡大学的校长伦琴也对这个问题发生了兴趣。伦琴是位治学严谨、造诣很深的实验物理学家。1895 年 11 月 8 日傍晚，伦琴在自己的实验室里操作着阴极射线管，他先把阴极射线管用墨黑的厚纸包严，不让一丝光线进入，实验室里漆黑一片，他打开开关。突然，不超过 1 米远的小桌上有一块亚铂氰化钡做成的荧光屏上一闪一闪地发出光来，细心的伦琴没有忽略这一奇异的现象，他想把荧光屏移远一点继续试验，当他拿起荧光屏的时候，不由得毛骨悚然：一个完整的手骨的影子出现在荧光屏上，吓得他浑身冒出了冷汗。当时他还不相信自己的眼睛，这究竟是在做实验还是中了邪魔，当他定神之后，手骨的影子也消失了。伦琴决定反复试验。于是他打开了灯，再仔细检查一下阴极射线管是否包裹好，当一切准备妥当，他又重复做了刚才的实验。啊！奇妙的光线又出现了，手骨影子又出现在荧光屏上，再一次试验成功，说明所发生的现象并非出于偶然，而是确确实实的实验事实。伦琴认识到这光线肯定不是阴极射线，因为阴极射线射程短，现在这射线能穿透过玻璃、黑纸、手，说不定是一种人类未认识的新射线。他越想越兴奋，越想要探索这新射线究竟是什么。

　　一连几天实验做下来，伦琴感到很累，他真想好好地休息休息，但强烈的探索欲望使他精神倍增，他又继续做起实验来了。他拿了好多东西，如木头、铁块、橡胶等——放在阴极射线管和荧光屏之间，结果那

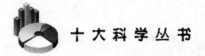

一个完整的手骨的影子出现在荧光屏上

种神奇的射线都把它们穿透了。后来他放上一块铅，又换了一块铂，终于挡住了这种射线。

伦琴的妻子一般不来实验室，但近一时期伦琴好久没回家，为了弄清楚他究竟在干什么，她决定来探望他。一天夜里，她轻手轻脚地推开了实验室的大门，一看，自己的丈夫正伏在桌子上睡着了，她随手拿了件衣服给他披上，谁知这一披，惊醒了他，他马上站起来拉着妻子的手说："来，给你做一个有趣的实验。"他把妻子的手放到一平台上，打开阴极射线管的电源开关，荧光屏上立即显示出一只手骨的图像，妻子惊奇万分，问："是什么射线有那么大的魔力？"伦琴答道："我也不知道，兴许是一种无名的射线吧！"这时妻子脱口说道："还是个X！"伦琴听后，心头顿时一亮，连声说："说得好，就叫它X射线吧！"从此被伦琴发现的这射线就一直叫"X射线"，有时人们为了纪念它的发现者伦琴，也叫它"伦琴射线"。

X射线的发现轰动了整个世界，当时人们还仅仅把它当做一种游戏工具，后来医学家首先用它来帮助诊断病情，造福于全人类。不仅如此，更重要的是人们对 X 射线的研究，进一步发现了天然放射线，揭开了微观物质世界的奥秘，从而打破了物理学的旧观念，激起了人们探索新事物的热情。

（三）"我行我素"的射线

伦琴发现了 X 射线，并广泛应用到医疗诊断上，这件事大大激励了物理学家亨利·贝克勒尔，他是研究荧光和磷光的专家。他觉得 X 射线和荧光也许属于同一机理，都是从阴极对面的那一部分管壁发出的。于是，贝克勒尔想试试看，看看荧光物质发荧光的同时，会不会产生穿透力很强的 X 射线。

1896 年 2 月的一天，贝克勒尔开始了他的实验。他取来一瓶荧光物质——黄绿色的硫酸双氧铀钾，这种物质在阳光的照射下会发出荧光，贝克勒尔想知道它们是否会同时发出 X 射线。他仿照伦琴检验 X 射线的方法，把一张底片用黑纸包得严严实实，再把一匙荧光粉倒在纸包上，然后拿到阳光下去晒一会儿。贝克勒尔将荧光粉再倒回到瓶里去，然后拿着一张底片的黑纸包进了暗房，冲洗后发觉底片感光了，它的上面是那匙荧光粉的几何影子。贝克勒尔知道，太阳光和荧光都不能穿透黑纸使底片感光。现在底片已经感光了，这说明荧光粉经太阳照射后确实能发出 X 射线。为了验证这个结果，贝克勒尔准备再做一次实验。可是天公不作美，从 2 月 26 日开始，连续几天阴雨。他只好扫兴地把荧光粉和用黑纸包得严严的照相底片一起放进写字台的抽屉里，等待天晴。关抽屉时他顺手把一串钥匙压在黑纸包上，边上就放着那瓶荧光物质。

3 月 1 日天气放晴，贝克勒尔准备着手进行新的实验。细心的他在实验前特地抽出两张底片检查一下，看看是否会漏光。抽查的结果使贝克勒尔大为震惊：两张底片都已曝光，其中一张上面还有那把钥匙的影

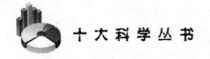

两张底片都已曝光，其中一张上还有那把钥匙的影子

子！这是怎么回事？底片是用黑纸包好后放在抽屉里的，又是连续几天阴雨，根本照不到太阳，那瓶荧光物质也不射出荧光，为什么底片会感光呢？

经过仔细的分析，贝克勒尔猜想，可能硫酸双氧铀钾本身会发出一种看不见的射线，这种射线也像 X 射线一样，能穿透黑纸使底片光。在 3 月 2 日的科学院例会上，贝克勒尔激动地宣布了这个新发现，并声称原先他的推论是不合理的。其实，在日光照射后硫酸双氧铀钾射出的荧光中，并不含有 X 射线。贝克勒尔最初在阳光下做的实验，实际上也是放射性射线使底片感光，只不过他误以为是 X 射线罢了。

3 月 2 日例会后，贝克勒尔又精心设计了一系列实验。他对这种铀盐晶体进行加热、冷冻、研成粉末、溶解在酸里等物理或化学上的加工，他发现只要化合物里含有铀元素，就有这种神奇的贯穿辐射。贝克勒尔还用纯金属铀做试验，发现它所产生的放射性要比硫酸双氧铀钾强三四倍。他把这种放射线称为"铀射线"。在 5 月 18 日的科学院例会上，贝克勒尔宣布，铀或铀盐会自发放射出射线（铀射线）。这是一种新的由原子自身产生的射线，这种射线的强度并不因为加热、冷却、粉碎、溶解等物理或化学上的影响而发生变化，换句话说，这种射线非常"我行我素"，不管外界对它施加何种影响，它始终如一地发出射线。贝克勒尔的这一重大发现和伦琴发现的 X 射线一起，敲响了人类迎接原子时代来临的钟声。

伟大的物理学家卢瑟福，有幸处于这样一个激动人心的时代，他被时代的精神鼓舞着，时刻准备投入到这场轰轰烈烈的革命中，去发现更多的未知世界！

三、"新武器"的发现

α射线是卢瑟福用以揭开原子内部奥秘的主要的也是关键性的武器。射线在卢瑟福的科研生涯中起到了不可低估的作用，它与这个核物理学家结下了不解之缘。

α射线的发现是和放射性的发现紧密相联的。贝克勒尔通过照相底片的感光现象发现了铀能辐射射线，后来玛丽·居里用"放射性"这个词来描述这一现象，并通过繁重而艰巨的劳动，用巧妙的分析方法，又发现了钍、钋、镭等物体也具有放射性。尽管有新的放射性元素陆续被发现，并且开始了实际的应用，那么这些具有放射性的物质所放出的射线具有什么性质呢？

伟大的物理学家卢瑟福在剑桥度过的最后一段日子里，主要的工作是鉴别铀所放射的各种射线究竟是什么，他在此期间进行了一系列的光辉实验。在实验中，卢瑟福注意到铀辐射也会引起空气游离，为了区别 X 射线和铀辐射，他想办法比较它们在穿透能力上的差别。他用铝片对铀辐射的射线进行吸收，在实验过程中，他发现了铀的辐射是复杂的，在它的辐射中至少存在两种不同类型的辐射——一种很容易吸收，另一种穿透力很强。卢瑟福从希腊文的"alphabata"的头几个字母的读法，称之为"alpha"和"bata"射线，读作"阿尔法"和"贝塔"，记作 α 和 β 射线。

α 散射实验

继卢瑟福发现了 α 和 β 射线后，1900 年人们发现铀的辐射中还有一种成分，其穿透本领比 β 射线还要强得多，在磁场中不受磁场作用而偏转，这说明这种射线是不带电的，这种辐射成分后来叫做 γ 射线。

四、搞清 α 射线

卢瑟福在刚刚发现 α、β 射线的时候，就意识到 α 射线是一种很重要的射线，因为它很容易被物质吸收，当证明了 β 射线是高速的电子流后，卢瑟福便集中精力搞清 α 射线的本质。为此，他做了大量的实验，其中关键性的实验有两个，一个是电磁偏转实验，另一个是光谱实验。

（一）α 射线带不带电

卢瑟福在进行了大量的准备工作之后，决定进行一个重要的实验，只有这个实验才能验证组成 α 射线的 α 粒子，以及组成 β 射线的 β 粒子的带电性如何。

那是 1903 年的某一天，卢瑟福当时的实验条件非常艰苦，根本没有什么闪烁荧屏可观察射线的轨迹，更没有什么读数器之类的高级计数仪，当时卢瑟福手里有的只是一只简易的金箔验电器。然而，实验就在这样艰苦的条件下进行着，他让放射性物质铀放出的 α、β 射线经过一个大磁场后，最后到达金箔验电器。在实验中，卢瑟福发现，β 射线在经过磁场后，径迹出现偏转，也就是说 β 射线能被磁场偏斜，但却没有见到 α 射线的径迹变化。结合实验的其他现象，卢瑟福基本上确定了 α 射线是由快速运动的带正电荷的粒子组成的。那么，为什么 α 射线经过磁场后，它的运动径迹没有发生偏斜呢？卢瑟福仔细地分析了所有的实验结果，最后他想到其原因可能有两种：一种情况是 α 射线是由不带电荷的 α 粒子组成，因为我们很清楚地知道，只有带电粒子在磁场中才能发生偏转，既然 α 射线经过磁场没有发生偏转，就说明它不带电荷；另一种可能是 α 射线是带电荷的，而且它的动能很大，磁场的能量不足以

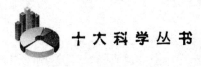

使它发生偏转。有了这样清晰的思路，卢瑟福便有的放矢地进行下一步的研究工作了。

卢瑟福让射线从放射源由下向上经过 20 片平行隔板到达验电器，而氢气由上向下通过平行隔板。氢气的作用非常重要，它可以抑制 β 射线和 γ 射线的游离作用，然后加磁场使射线偏转，这时 α 射线经过磁场后偏斜量的百分比与所加磁场的强度成正比例。为了判断 α 射线所带电荷的正负，在隔板上加一块多缝的金属板，遮去空隙的一部分，改变磁场的方向，总可以找到一个位置，使游离截止于更低的磁场，由此来判断 α 射线的电荷的极性。再在相邻隔板上加电压，又可使游离停止，这样，可以得到 α 粒子的速度和荷质比。从实验结果的一些证据分析看，卢瑟福已初步推断出 α 粒子是氦（He）原子。

1906 年，卢瑟福在蒙特利尔西山西北高地买了一块土地，这地方面向山涧湖泊，风景秀丽宜人，他准备在这里建造一所住房，以便长期在麦克吉尔从事他的研究工作。但是，一个新的具有很大吸引力的聘任职务使他无法平静下来。曼彻斯特大学物理教授舒斯特因病退休，辞去了兰沃尔西物理讲座教授职务，学校决定请卢瑟福接任。1907 年 5 月 17 日，卢瑟福先生告别了工作 9 年的蒙特利尔，于 20 日抵达英国，在这里开始走上他的科学新旅程。

卢瑟福在麦克吉尔大学工作的几年中，曾对 α 射线作了大量研究。到了曼彻斯特，他同盖革和马斯登等人愉快地合作，他们自己动手制作计数器，计数器的制作成功给他的研究带来了很大的帮助，使他的实验能够进入到定量的研究阶段。在盖革和马斯登等人的帮助下，使得对 α 粒子的计数，电荷的本质研究取得了突破性的成果。他们用一系列的科学实验雄辩地证实了"α 粒子在失去电荷后就是一个氦原子"。

（二）进一步的鉴定

从 1903 年开始，卢瑟福着手研究 α 射线的本质，直到 1908 年，伟大的实验物理大师从未停止过自己的研究工作，到了曼彻斯特，他在助手们的帮助下又开始了新的重要实验——光谱实验，他要进一步地用光谱分析的方法来确定 α 射线的成分。

他的实验装置主要是一个 α 射线管，管的玻璃壁极薄，只有 0.01 毫米厚，管径约 1.27 毫米，内封装有镭射气。镭射气能够发射 α 粒子，α 粒子可以穿过玻璃壁而射气不能。α 射线管外面套一层玻璃管收集 α 粒子。然后让系统放置两天，等 α 粒子收集足够多后，用水银把 α 粒子通过时形成的气体压缩到放电管中。果然，从放电管得到的光谱显示氦黄线。为了排除怀疑，卢瑟福把原来放镭气的管用氦气充满，在相同的条件下观察放电管的谱线，却找不到氦黄线。这就可以肯定，薄玻璃壁是漏不出氦原子的。这样，卢瑟福用可靠的实验事实证明了 α 粒子是带正电的氦原子。

通过实验，卢瑟福掌握了 α 粒子的本质、性质和作用。射线是一种吸收率高、穿透力弱的粒子流，在磁场或电场中不会产生偏斜。卢瑟福称它为"未被一个磁场或电场产生出可鉴别的偏斜的射线"。形成射线的 α 粒子是以很大速度抛射的电荷物质，具有较高的能量，确切地说，α 粒子是带电的氦原子。就这样，经过繁重而艰巨的劳动，经过长年不懈的努力，卢瑟福对 α 射线的性质得到了全面而准确的了解，并确认 α

从放电管得到的光谱显示氦黄线

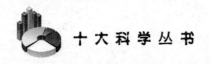

射线在放射性中所起的作用是非常重要的。于是，他选择了 α 射线这一关键性的武器来揭开原子的内在奥秘。

五、新问题出现后的思考

在多年的 α 粒子性质的探测实验中，卢瑟福不止一次地发现 α 射线被物质阻滞和散射的问题。在 1904 年到 1905 年的许多实验中，让 α 射线通过不同厚度的空气和金箔后，α 射线的速度会渐渐地慢下来，并且在磁场中偏斜的曲率半径不是变大而是变小了，而且他还发现了 α 射线通过空气的谱线较宽并缺乏明显界限。所有这些新出现的问题都不能不引起卢瑟福的思考，他准备做新的实验来解决这些问题。

几年来，卢瑟福和他的助手盖革一直在不停地做着一连串的关于 α 射线的实验。这次，他们用多层厚度为 0.0031 毫米的铝箔作为 α 射线的靶，用 α 射线对它进行轰击，他们边轰击，边渐渐地增加铝箔的厚度，当加到 12 层时，α 射线的速度为无铝箔时的速度 V_0 的 0.64 倍，这时，粒子的能量相当于原有能量的 41‰。他们继续实验，继续研究，结果又发现，当 α 粒子速度降至 $0.64V_0$ 时，α 粒子便停止了使气体离子化，也就是说，α 射线的速度为原始速度的 0.64 倍这个速度值是 α 射线使气体离子化的临界速度，也是 α 粒子能够打入原子的最低临界速度。

接着，卢瑟福对盖革说："换一下靶子再试试看。"盖革按照他的指示，用云母将铝箔换下来，然后让射线通过云母，根据测量结果他们发现，由于散射，α 射线产生了谱带宽度，射线从它们的径迹约偏斜 2°。这就是他们在实验中发现的 α 射线的小角散射现象。他们断定：将有一些 α 射线通过大得多的角度偏斜是完全可能的。这样，卢瑟福和他的助手们不但发现了用云母作靶的α射线的小角散射现象，同时也认识到α粒子在临界速度以上时能打入原子内部，并能引起α射线的散射，散射的结果将引起原子内电场的反应。所以，我们可以通过散射的情况和原子内电场的反应来探索原子的内部结构。对，解决问题的思考就是这样！卢瑟福和他的助手们信心百倍地工作着，他们断定：较大的散射角完全可能存在，问题就在于能否测量到。

六、再创奇迹

（一）反常的散射

促使卢瑟福进入α射线大角散射实验的直接原因是盖革在实验中发现了α射线的反常散射现象。

卢瑟福到曼彻斯特大学工作后，在盖革的帮助下，为了计数α粒子，一举研制成功了用盖革的名字命名的计数器，这是盖革与卢瑟福的首次成功的合作。盖革曾于1906年在德国埃朗根大学取得哲学博士学位，他的学位论文是关于气体导电方面的。不久，到曼彻斯特后，他与卢瑟福开始了很有成效的合作研究。由于开始时采用的计数器触发管和计数室的长度不合适，云母片和计数室中气体分子使α射线产生了散射现象，影响了计数工作。这使他们认识到散射现象的消除对研制计数器十分重要。这就使盖革在计数实验还没完成时，转向研究α射线的散射问题。

于是，盖革又开始了α射线的散射实验。在一次实验中，他发现用α粒子轰击某原子时，出现"径迹急转弯"，这是α射线反常散射的一个征兆。他还发现散射角在很大程度上取决于靶材料的原子量，散射角与材料的厚度和材料的原子量成正比例，与α粒子速度成反比。这样，

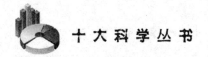

盖革又开始了 α 射线的散射实验

卢瑟福和盖革决定采用原子量大的金再做散射实验。

（二）闪烁镜的贡献

19 世纪末 20 世纪初，科学家们用于研究放射性的仪器大都很简陋，不外乎就是验电器、平行板电容器和手摇真空泵，像限静电计被认为是最高级的电测仪器。据说，当年金箔、悬丝和火漆就是实验室必备的基本器材。在记录方面，照相术起了很大作用，但是底片记录的是长时间的统计效果，不利于分析。到了 1908 年，开始发明了一种闪烁镜方法，用以观测 α 粒子。

这个闪烁镜实际上是一小块硫化锌屏幕，粒子打到它上面，会发出微弱的闪光，实验者用显微镜对准硫化锌屏，一个一个地记数，再移动显微镜的位置，分别读取不同位置的闪烁数，就可以对 α 粒子的分布作出精确统计。闪烁计数法虽然是其他方法所不能比拟的，但是闪烁法要求观测者眼睛始终盯在闪光屏上，全神贯注，一个不漏地记数。在整个实验过程中都要守在暗室中，精神十分紧张。连续工作几个小时，就会头昏眼花，劳累不堪。就是在这样艰苦的条件下，卢瑟福和他的助手们，不顾自己的劳累辛苦，用闪烁读数的方法，靠一个一个计数，作出了发现原子核的伟大贡献。

（三）寻找碰回头的 α 粒子

盖革研究 α 粒子散射的实验本来是用铝箔放在 α 粒子的途中起散射作用的，后来发现金箔的效果更好，就促使他系统地研究起各种不同的物质对 α 射线的散射作用。

有一天，卢瑟福来到他们的实验室，了解他们工作的进展情况，盖革对卢瑟福说：“先生，马斯登已经来了一段时间了，是否应该派给他一些工作？”卢瑟福回答说：“我也正在想这个问题，这样吧，叫他做一个 α 粒子从金属表面直接反射的实验，去找碰回头的 α 粒子。我可以告诉你结论，不会有碰回来的 α 粒子的，应该很容易用实验证实。”

马斯登在盖革的帮助下，认真地进行观测。他们的装置非常简单，锥形玻璃管内充满镭射气作为 α 射线源，管口用云母片封好，粒子可以由此穿出，硫化锌闪烁屏所放的位置只有 α 粒子经反射金属片时才能打到屏上，否则无法直接打到。出乎他们意料的是，当他们把反射金属片放在管口 1 厘米处，竟立即观察到了闪烁。这使盖革和马斯登非常兴奋，他们对卢瑟福说：“我们找到了碰回来的 α 粒子！”

这个结果使卢瑟福非常惊讶，因为按照当时一般所接受的汤姆逊模型，正电物质分布于整个原子中，对于能量相当高的 α 粒子而言是相当“松软”，因此不应当产生大角度的偏转。汤姆逊本人也作过估算，在他的模型中，一次的碰撞所能产生的偏转角的数量级仅约 $1° \sim 2°$。实验的结果确实是绝大多数的 α 粒子仅偏转了 $1° \sim 2°$，那么对大于 $90°$ 的偏转，其至碰回头的（偏转 $180°$）的 α 粒子，又作何解释呢？当时一般所接受的解释是有些 α 粒子经过多次的碰撞，始终往一个方向上偏离，最后造成了大角度的偏离，这种概率是很小的，而在实验上测得大角度偏转的 α 粒子也很少，所以这种解释也大体被接受。但卢瑟福对这种解

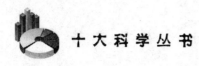

释很不放心，他让盖革和马斯登继续做精确的定量实验。

（四）奇迹终于出现

1909 年 3 月的一天，盖革和马斯登把镭的衰变物沉淀在一小板上，让它放射的 α 射线经金箔反射到硫化锌荧光屏上。金箔对 α 粒子的阻止力相当于 2 毫米厚的空气时，有一半的入射 α 粒子被反射，当采用 1 平方厘米的铂箔作为反射物时，统计反射 α 粒子的数目，发射总数可根据镭的衰变物的剂量折算。经过比较，他们得出结论，入射的 α 粒子中，每 8000 个有一个要反射回来。

这就像您对着卷烟纸射出一颗 15 英寸[①]的炮弹，却被反弹回来一样……

当盖革和马斯登把这个数字报告给他们的老师时，伟大的实验物理学家卢瑟福先生感到非常惊讶。后来他提到这件事时说："这是我一生中最不可思议的事件。这就像您对着卷烟纸射出一颗 15 英寸的炮弹，

---

① 1英寸=2.54厘米。

却被反弹回来一样不可思议。"但这毕竟是事实，千真万确的事实！不由得卢瑟福不去思考。

多次碰撞理论可以解释小角度散射或偶尔的大角度散射。但卢瑟福做了一下估算，对于盖革他们实验中金箔的厚度而言，每进来 10^{35000} 个 α 粒子，大约会有一个 α 粒子被碰回来，而实验中测得的结果却大约为 8000 个中就有一个被碰回来，这就是说，粒子大角度偏转的概率远大于汤姆逊模型所预测的。按照汤姆逊模型，无论是极轻的电子，还是均匀分布的正电荷，都不足以把 α 粒子反弹回去。卢瑟福为此苦思了很长时间，并深深感到 α 粒子的大角散射实验说明汤姆逊的原子模型是错误的，真正的原子需要有一个新的模型。

七、伟大理论的诞生

1910 年，卢瑟福开始把散射实验事实与新的原子模型联系起来。他想到了被人忽视的土星模型，如果原子中的正电物质是集中在很小的区域内，那么对 α 粒子而言形成较"硬"的散射中心，也许能在一次的碰撞中使 α 粒子产生大角度的偏转。

于是，他设想了一个原子结构模型：原子中有一个体积很小、质量很大、对正电荷有很强偏转能力的核，核外则是一个很大的空间（相对于原子核直径），核的体积很小，但却几乎集中了原子的全部质量；电子很轻、很小，带负电，它们分布在原子核外的空间里绕核运动，原子仿佛是一个小太阳系。

少年朋友们，你们不觉得这很有趣吗？物质的最小微粒竟会同宏观世界的构造相同，这还从来没有人想到过。卢瑟福的这一伟大设想震惊了世界。

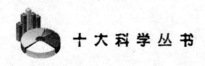

原子核就这样被发现了，起初人们并没有直接看到它，也没有直接测出核的直径、量出核的质量，判定核的电荷。只是靠了 α 粒子的撞击，从撞击的效果得到了核存在的信息。卢瑟福并没有停留在假想和猜测的水平上，他带领助手们一次又一次地进一步实验，从测量的数据可以准确地推算出核的直径、核的质量和核的电荷。

卢瑟福就是这样，用最简陋的设备和直观的方法，却获得了最宝贵的来自微观世界的重要知识。他的核式结构为原子物理学和核物理学的发展奠定了最重要的基础。

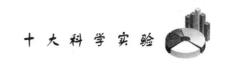

遗传规律的探索

——孟德尔豌豆实验

　　科学发展到今天，人类探索生命运动规律的奥秘，已经不仅仅是认识它，利用它，而且还要改造它，控制它，甚至神话般地创造它。

　　正是现代遗传学这门新兴的学科，为人类揭示了生物的遗传规律。它告诉我们，只要实现生物之间的基因重组和转移，就有可能按照人类的需要创造出自然界从来没有的生物新品种。那么，谁又会想到，这门新学科的创始人竟然是 19 世纪奥地利的一个普通的基督教神父？置身于宗教法规森严的"神"的世界，约翰·孟德尔竟能为"人"创造出未来科学发展的美好天地。从 20 世纪 70 年代起，遗传工程的发展为在新世纪实现人工合成生命物质和创造新生命，开辟了十分诱人的前景。

一、"种瓜得瓜，种豆得豆"——最早的遗传意识

　　中国有句古语叫做"种瓜得瓜，种豆得豆"。子女酷似双亲，虽然不是惟妙惟肖完全相同，但这其中已经揭示了生物遗传性的存在。人们从古时候就注意到了孩子像父母的这种遗传现象。例如，年轻的父亲没有白发，也无胡须，其子与他一样，可是等上了年纪时却都长出胡须

"种瓜得瓜，种豆得豆"——最早的遗传意识

来，变成了白头翁。这真是不可思议。

长期以来，人们对这个问题的看法众说纷纭，19世纪对遗传性盛行的一种解释是"泛生论"。"泛生论"者认为在雄性体上存在着一种物质，这种物质是遗传性的载体，叫精液。精液在全身各部分形成并在血管中流动，精液通过雌雄交配进入雌性体。子女酷似双亲，就是因为精液在身体各部分形成，所以也就反映出该部分的性状。"泛生论"是由亚里士多德和其他一些古希腊人设想出来的，他们把它作为进化变异的基本机制，他们认为进化是许多世代"获得性状"积累的结果；"用进废退"使身体发生了变化。比如说，体育运动者肌肉发达，而这变化可以传给子代，只要在全身形成的精液反映出这些变化，子代的性状就会表现出这些变化。"泛生论"也为19世纪的一些生物学家所接受。

后来，又有人提出了"种质"学说，这个学说区分了"种质"和"体质"两个概念，"种质"是指那些性细胞和产生性细胞的细胞，"体质"是指构成身体所有其余部分的体细胞。在繁殖过程中，"种质"自身永世长存，"体质"只是作为保护和帮助"种质"繁殖自身的一种手段而附带地由"种质"所产生。这种观点与"泛生论"形成鲜明的对照。支持"种质"说的人们为了证实自己的观点做了许多实验，虽然这些实验是很粗放的，但对以后的遗传学发展有相当大的影响。

二、现代遗传学之父——孟德尔

遗传学的基本原理是在 19 世纪由孟德尔发现的，他是奥地利修道院中的修道士，他的实验和著作是科学研究的卓越典范，作为一个伟大的科学家，孟德尔的一生将永远留在我们的记忆中。

（一）夜访安东·孟德尔

在奥地利西里西亚地区，靠近奥得河上游有一个小村庄叫海因赞多夫村，村子的最西头住着安东·孟德尔一家。约翰·孟德尔是这个贫苦家庭中的唯一男孩，安东·孟德尔和罗赛恩夫妇俩视小约翰为掌上明珠，他们指望着儿子有朝一日能出人头地，摆脱这世世代代都是农奴的贫苦生活。

1833 年夏季的一个夜晚，劳累了一天的村民们大多都已酣然入睡。村子里静悄悄的，突然，安东·孟德尔的屋子响起了一阵轻轻的叩门声。10 岁的约翰·孟德尔打开屋门，他惊喜地叫了起来："是您，托玛斯先生！"原来，这位面容和蔼可亲的绅士是小约翰正在上学的本地拉波尼克初级中学的校长，他是位既富有同情心又富有责任心的优秀教育者。那么，他深夜来访要干什么呢？安东夫妇用猜疑的目光看着这位可亲可敬的绅士。"孟德尔先生，您的儿子很有天才，我怕我的学校会贻误他的宝贵前程。"托玛斯先生恳切地和安东·孟德尔夫妇俩交谈着。

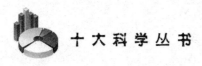

原来，他深夜来访的目的是为了说服约翰·孟德尔的父母同意儿子转到一所当地很有名气的高级中学——特洛堡大学预科学校去读书。可是，他们实在太穷了，除了家门口那个小园子以外，他们几乎没有一寸土地，平日只能靠打短工和租种地主家的地来维持全家人的生活。

生长在这个被称为"多瑙河之花"的美丽村镇里，约翰·孟德尔从小就对大自然、对四周围的花草树木都产生了强烈的兴趣。他的外祖父和父亲都是出色的园丁，有一手果树嫁接和植物栽培方面的精湛技艺。尤其是父亲安东，除了种地之外，他几乎把自己所有剩余时间都花在家门口的小园子里。从幼年起，孟德尔就跟着父亲在园子里修剪花木，栽培果树，还种养了好多珍贵的奇花异草。在他幼小的心灵里，早就埋下了爱惜自然界一草一木的种子，他时常在心里产生了一个又一个疑问："为什么各种植物会有不同的大小、形状？""为什么花朵会有各种不同的颜色？""为什么棉花的棉铃有的狭长，有的短阔？"童年的好奇使他对美妙无比的大自然产生了急于探索的愿望。进了托玛斯的学校后，他对自然科学的热爱有增无减。

托玛斯十分喜爱约翰·孟德尔，不仅仅是因为约翰聪明好学，门门功课都是优等，甚至比别人超出很多。根据他对约翰的了解，他确认这个孩子有独创的特殊才能，他将来会在自然科学方面创造出奇迹来，将会去探明大自然隐而未显的秘密。他认为，在那所具有200多年悠久历史的预科学校里，约翰·孟德尔会成长为一名卓越的科学人才，那里有丰富的自然科学藏书和博物馆，优秀的师资和无与伦比的客观条件将会对约翰今后的前途产生决定性的影响。

19世纪的欧洲，政府和学校都受到教会控制。学校当局只重视拉丁语、法律和历史等课程的学习，认为学习自然科学是不体面的事。而托玛斯却是个热心于自然科学的人，他知道孟德尔从小就聪明过人，勤奋好学，四年就学完了小学的全部课程，一年前是以第一名的成绩考入

从幼年起，孟德尔就跟着父亲在园子里修剪花木

了自己的这所初级中学的。他很快就注意到了孟德尔是个自然科学的天才，他下定决心要把这孩子送到预科学校，去接受更严格的教育。

经过校长的劝说和约翰的恳求，安东夫妇最后决定，与其把孩子拴在自己的身边，倒不如让他去做自己喜欢做的事情。他们同意了校长的安排，决定将孟德尔送到更高一级的预科学校去读书。小约翰高兴得跳了起来，可是他哪里知道，父母的这一决定给他们的家里带来了多大的困难！事实上把儿子送到学费昂贵的预科学校去念书，安东夫妇实在是难以负担。无奈，儿子的宝贵前程就是他们的一切希望。他们想尽了一切办法，省吃俭用只凑够了约翰出远门上学的路费，他们根本无法保证每月寄钱去学校供孟德尔吃穿。

（二）徘徊在大学的殿堂前

在特洛堡大学预科学校学习期间，孟德尔的生活异常艰苦，他没有

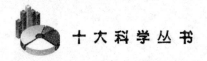

钱，父母也根本没有钱寄给他，他吃的面包和牛油还是父母托人从家里带过来，他食不果腹，常常遭受饥饿的折磨，但他仍咬紧牙关，靠自己非凡的毅力来努力学习每一门功课。即使这样，他的学习生活也很难维持下去，贫穷的家境总是没有幸运的转机。有一年，他的家乡遭受严重灾害，收成很不好，父母为了供养儿子读书和维持一家人的生活，不得不离家在外服劳役。不幸的是，在劳役中一棵倒下的树干将父亲打倒在地，正压胸部，从此孟德尔的父亲失去了劳动能力。真是上天不睁眼啊！这样，家里再也无法供给孟德尔任何费用上学了。从此，不到 16 岁的孟德尔只得自谋生路，依靠给别人当家庭教师的收入来维持学习。

1840 年，孟德尔以优异的成绩从特洛堡大学预科学校毕业。在他的毕业证书上写着的几门功课都是优秀。但是，穷困潦倒的家庭根本不可能继续供他上学，当时的孟德尔多么想到奥尔米茨大学哲学院继续深造，攻读自己喜爱的自然科学和哲学，但是，他因没有找到家庭教师的职位而失去继续上学的最后可能。眼看着比自己成绩差的同学一个个走进了大学的殿堂。他忧虑、悲伤，加上因饥寒交迫造成的极度虚弱，孟德尔病倒了，在床上整整躺了一年。

1841 年，孟德尔用了妹妹的嫁妆钱进了奥尔米茨大学哲学院继续深造，在这里，孟德尔除了学习自己热爱的自然科学各门基础课外，他还同时学习德国古典哲学。在学习中，孟德尔迷恋上了黑格尔的辩证法思想和康德的宇宙理论。两位先哲的理论对他科学世界观的形成，起了很大的作用。

两年以后，钱又用完了，为生活所困，孟德尔含着眼泪离开了学院。命运迫使他只能走一条路：找一个不必为糊口而日夜操心的职业。

（三）布尔诺修道院——科学史中的修道院

在布尔诺城修道院里，有一个美丽的植物园，这里一年到头草木葱茏，花香四溢。这是一个用科学的方法经营的花园，种有许多珍贵的奇

布尔诺修道院……这里是他们进行花木栽培等科学
实验的场所

花异草。植物园旁边，还有一个收藏丰富的植物标本室。这两处地方是
修道院的神父克拉塞和泰勒两人苦心经营起来的。他们俩都是奥地利有
名的植物学家。白天，这里是他们进行花木栽培等科学实验的场所，夜
晚，神父们便聚集在这里探讨各种学术和政治问题。

其实，这座修道院所在的布尔诺城是该地区科学文化的中心，许多
神父都是奥地利颇有名气的学者。主教纳帕是大学教授，对哲学、语言
学和数学、生物学等都颇有研究。其他神父也都是布尔诺哲学院或是大
学预科学校的专职教师。

1843年9月，修道院里新来了一位年轻的见习修士。他身材矮胖，
额高嘴阔，一双天真善良的蓝眼睛藏在镜片后面，总是闪烁着好奇、沉
思的目光，他就是约翰·孟德尔。被生活所迫放弃学业后，他感到唯有
到修道院工作才能保证温饱。他给自己取了个教名叫"格里戈尔"，他
下决心在这里度过安贫乐道的一生。当然，孟德尔的内心十分痛苦，因

为他不得不放弃自己所酷爱的自然科学和哲学，整日去攻读那些枯燥无味的神学，并且清心寡欲地为"上帝"祈祷终生。这年，他只有 21 岁。可是没过多久，孟德尔就比较适应修道院的生活了，这里的一切远非想像的那么恐怖，他的心情渐渐地放松下来，他发现，在修道院里，他不仅不用为生活奔波，亦能摆脱经济上的困扰，而且同样可以深造。其实，他十分幸运地跨入了另一扇科学院的大门。修道院里丰富的藏书、知识渊博的老师，为他创造了如同奥尔米茨大学哲学院一样的良好环境。他完全可以利用这些条件钻研他喜爱的自然科学。由于从小对生物的特别爱好，修道院中的那座植物园和植物标本室是孟德尔最喜欢的去处。他的大部分时间都是在这里度过的。克拉塞神父也十分喜欢这个虚心好学的年轻人，经常向孟德尔传授植物学和果树栽培学知识，指导他做植物杂交实验。就这样，孟德尔通过名人的指导，再加上自己的勤奋努力，靠自学的方式不遗余力地弥补了自己知识上的不足。

但在另一方面，为了在修道院里生存下去，孟德尔不得不硬着头皮啃那一大堆枯燥晦涩的神学课程，如教义学、教会史、宗教法、神学和伦理学等。四年后，孟德尔修完了修道院规定的神学的全部课程，又经过一年的见习，被正式提升为神父，负责教会医院的传教工作。但是，他最感兴趣的还是修道院里的那个小植物园和标本室，一有空闲，就跑到那里去摆弄花草，搞一些植物杂交实验。

（四）世间自然有伯乐

孟德尔是一个做事认真的人，在他所负责的教会医院的传教工作中，他讲解得非常认真、努力，表现出了具有传道、授业的特殊才能。正巧，修道院附近的策涅姆大学预科学校需要一个教物理学和博物学的代理教师。主教纳帕看中了这个思想敏锐、活泼好动、勤学上进的年轻人。一天，主教把孟德尔叫到身边说："年轻人，去传授自然科学知识给学生们，你看怎样？"这正中孟德尔的下怀，他早就想离开这里，换一个工作环境。因为他患有一种轻微的神经质疾病，每当在医院里传教，看到病人的痛苦状时，便会极度恐惧，他非常想换一种事情去做，这样也许更能发挥自己的才能。教师生涯也许能摆脱神学的缠绕，他愿意把自己十分喜爱的自然科学知识传授给学生们。

一般来说，在预科学校当教师，必须受过大学教育并通过教师职业考试，而孟德尔没有任何资格。但他学识渊博，待人谦虚，讲课生动、形象，深受学生们的爱戴。每到节假日，学生们便来到修道院，和孟德尔探讨各种问题。孟德尔带着学生们到植物园，教他们学习植物杂交技术，讲解植物花草的有关生物知识。对每一个学生来说，这位和蔼可亲的教士，既是良师，又是益友。

1850年夏天，孟德尔来到维也纳大学参加教师转正考试，出乎他的意料，他竟然没有通过这次考试，孟德尔充满自信的眼中流露出了迷惑和不解，但挫折并不能动摇他的意志，他接连参加了两次考试，但都失败了。原来他的富于独创性见解的答卷，超过了主考官们所能理解的水平。他们在孟德尔的自然科学试卷上写着这样的评语："该考生对这门课程的传统知识不够理解，他使用自己的语言，表达自己的观念。"囿于传统知识的圈子内，主考官们当然不能理解这位未来优秀科学家的真知灼见。但是，皇天不负苦心人，英才终究会有人欣赏，维也纳大学的物理学教授、物理学评卷人被他的顽强精神所感动，同时也十分欣赏他的物理天赋。1851年暑假，他写信给纳帕主教，建议送孟德尔到维也纳大学学习。同年十月，孟德尔来到了这所梦寐以求的高等学府。

（五）人生的重大转折

维也纳大学的进修，对孟德尔来讲是从天上掉下来的好事，在他的一生中，这段学习生活无疑是最幸福的。在这里，他犹如久旱的禾苗贪婪地吮吸着知识的雨露和养分。作为一个进修生，他的学习时间不像其他学生那么宽裕，他分秒必用，为此，他放弃一切娱乐活动和节假日休

息时间。除了必修课外，他还大量阅读最感兴趣的数学、物理学和生物学方面的书籍。就这样，孟德尔仅用了两年时间就学完了一般学生需要用三年多时间才能学完的全部课程。

维也纳大学是欧洲有名的大学，这里集中了一大批优秀的科学家，其中有著名的物理学家——"多普勒效应"的发现者多普勒，著名物理学家、数学家爱汀豪森，欧洲最优秀的植物学家翁格尔等人。孟德尔分别在他们的手下学习和工作过。在他们那里，不仅学到了一个科学家所必须具备的娴熟的实验操作技巧和敏锐的观察能力，而且还在研究方法上得到了训练。比如，爱汀豪森用数学方法解决自然科学研究问题的思想，为以后孟德尔进行遗传实验时创立独特的数学统计方法提供了强有力的思想基础。

在维也纳深造期间，对孟德尔影响最大的是翁格尔教授。这位进化

孟德尔仅用两年时间就学完了一般学生需用三年多
时间才能学完的全部课程

论的先驱者，经常努力地向自己的学生灌输物种变异与进化的思想。这极大地鼓舞了孟德尔敢于同传统势力作斗争的勇气。翁格尔关于植物杂交与变异的理论也为孟德尔以后形成自己的遗传理论打下了基础。正是在这些名师的熏陶和指导下，孟德尔受到了系统、严格的科学训练，奠定了全面的知识基础，学到了大科学家独特的研究方法，并且获得了在修道院里所不能获知的科学信息，了解了科学发展的状况和突破口。这一切都是他日后作出重大科学发现的潜在因素。在孟德尔的一生中，维也纳大学的进修，是他科学生涯的重大转折点。

三、科学研究的典范

孟德尔以优异的成绩结束了维也纳大学的学习生活。他满载而归地回到了布尔诺后，被聘为布尔诺高等技术学院的助教，教物理学和生物学。那年，他 32 岁。

在学院里，孟德尔以其自身的优秀品质和渊博的学识很快地博得了教授们的好感。气象学家耐塞尔教授尤其喜欢这个勤奋、厚道的年轻人。他们早已成了好朋友，两人经常在一起切磋交流各自在不同领域里的研究体会。有一天，耐塞尔教授来到修道院，两人在修道院的林荫道上谈着学术界的各种问题。孟德尔把教授带到花园里，去看看教授所关心的豌豆实验。

穿过林荫道，绕过五彩缤纷、香气袭人的花圃，他们走进一块狭长的、种满了豌豆的园地。这块地约 35 米长，7 米宽。看上去虽然比较贫瘠，但一排排豌豆却长势喜人。孟德尔看见这一串串嫩绿、饱满的豆荚，高兴得合不拢嘴，他把这些豌豆比做他的儿女。孟德尔的做法引起众人的不理解，有人对他进行讥讽，说他行为"反常"，有人说他只不

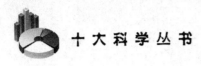

过是为了消遣而已，作为孟德尔的好朋友，耐塞尔也不理解他为什么要这样痴迷，但是，教授相信孟德尔的所作所为，还是很支持他的实验。孟德尔看着教授疑惑的脸，知道他心里想着什么。"我将年复一年地观察这些豌豆的子子孙孙们，通过实验找出植物遗传的规律性。"孟德尔对教授这样说。他毫不理会庸人们的嘲笑。他心中早有定数：要解决植物的形态和花的颜色等根据什么法则传递给后代的问题。

在我们开始进行自然科学研究之际，仅糊里糊涂地做实验是没有意义的。首先我们必须考虑好要解决什么问题，用什么做材料，采取什么样的方法进行实验以及如何处理其结果等。这些都是事先计划好并根据它来开展研究。孟德尔就是出色地处理这些问题的典范。

对于生物性状遗传问题的探讨，孟德尔早就十分关注了。还是在18世纪中叶，科学家们就开始进行动植物的杂交实验，当时是围绕"杂交能否产生新种的问题"。到了18世纪末期，这个问题解决了，杂交实验的结果打破了神创说者的"物种不变论"。到了19世纪，关于动植物的杂交研究又进一步朝两个方向发展，一个方向是园艺学家或植物

孟德尔决定向这个课题发起冲击，进行一种豌豆杂交实验

育种专家为了提高农作物的产量，通过杂交悉心培育优良的新品种；另一个方向则是理论研究，探索生物遗传与变异的奥秘，即：生物性状的遗传是否有规律可循？许多生物学家的实验得出同一结论：似乎是有规律可循。但是究竟是什么规律？为什么会产生这种有规律的遗传现象？这些问题成了当时生物学家迫切需要解决的重大课题。孟德尔决定向这个课题发起冲击，进行一种豌豆杂交实验。

孟德尔为什么会选择这个研究课题呢？当然除了他从小对植物和园艺的爱好外，更重要的是，在著名的植物学家翁格尔的指导下，孟德尔懂得，确定研究课题的关键是寻找当代科学发展的突破口，解决迫切需要解决的重大课题，才可能得到前人所没有得到的重大发现。

四、废弃荒地中的发现——神父的豌豆实验

（一）显性和隐性的发现

1856 年春，孟德尔向修道院要了植物园中一块废弃不用的荒地，种植和栽培了豌豆、菜豆、玉米、草莓等，他还饲养了蜜蜂、家鼠等小动物，以便能从中挑选能进行动植物遗传杂交试验的材料。经过反复实践，他确定豌豆是最适宜做杂交实验的。孟德尔从种子商那儿得到了许多品种优良的豌豆，花了两年时间进行选种，从中选出了一系列具有单一性状的优良品系用于实验。他认识到每次实验必须要注意单一性状。例如，种子的性状，而不是整个植株。他选了 22 个性状稳定的品种，又选出了其中 7 对性状可以明显区分的，如黄色和绿色的叶子，高茎和矮茎，光滑种子和皱皮种子，豆荚饱满的和不饱满的等等。他在实验中发现：用于杂交实验的品系的子代某一特定性状总是类似于亲代。

豌豆是自花授粉进行繁殖的，植株的结构使某一朵花的花粉通常落

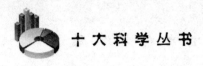

到同一花朵的柱头上而发生受精作用，这叫自花授粉。然而杂交也比较容易做到。孟德尔打开一花芽，在花粉散落之前就除去雄蕊，从而防止自花授粉，然后他给这朵花授以另一朵花的花粉。在一次实验中，孟德尔用结饱满种子的植株与结皱缩种子的植株进行杂交，由此研究种子性状的遗传。实验结果非常明确：产生饱满种子的植株不管作为父本还是母本，子一代（F_1）杂种植株全部都结出饱满种子。皱缩性状看来是被饱满性状的显性所掩盖了。孟德尔发现他选定研究的七种特征都是这样的情况。在每次试验中，F1杂种只出现两个相对性状中的一个，孟德尔把这类性状（饱满种子、黄色豌豆和腋生花等）称为显性性状，而那些在 F_1 杂种不能显现的性状（皱缩种子、绿色豌豆和顶生花等）称为隐性性状。

后来，科学家们发现，一个性状对另一个性状呈显性是常见的，但不是绝对的现象。某些情况下有"不完全显性"，即子一代杂种是两个亲体的中间类型。例如，开深红花的金鱼草植株与开白花的植株杂交，产生的子一代杂种的花都呈粉红色。产生这种结果的原因很简单，因为粉红色花的红色素比深红色花的红色素要少，而白花中则一点红色素也没有。双亲的某个性状都出现在子一代中的例子也很多，这称为"共显性"。例如，一个人从双亲那里继承了 A 型和 B 型血型，从而同时表现出 A 和 B 的血型。A 和 B 两种血型特有的物质（抗原）同时存在于这个人的血液中。

（二）遗传中的分离现象

孟德尔种下了子一代杂种结出的种子，等它长成植株后使其自花授粉。在饱满种子和皱缩种子两种植株杂交的子二代植株上结出的同一荚果内同时出现了饱满和皱缩两种种子。他统计了这些种子的数目，其中有 5474 颗是饱满的，1850 颗是皱缩的，这个比值是 2.96：1，非常接近于 3：1。于是孟德尔又继续做了其他的杂交实验，结果都得出同样

遗传中的分离现象

的比值，在每一次试验中，子二代出现的显性性状通常是隐性性状的3倍。

孟德尔接着准备研究子二代的饱满种子和皱缩种子是否真实遗传的问题。他又在试验地上播种了子二代种子，等长成植株后对它们进行自花授粉。结果，皱缩种子长成的植株自花授粉后只产生皱缩的豌豆。但是，饱满种子的情况则十分不同。尽管从外表上看它们很难区分，但这些饱满种子却有两种类型：其中 $\frac{1}{3}$ 的种子，种植后长成的植株只产生饱满种子；其他 $\frac{2}{3}$ 长成的植株产生饱满和皱缩的种子，比值为3∶1。这说明 $\frac{1}{3}$ 的饱满种子（或者说子二代全部种子的 $\frac{1}{4}$），是真实遗传的，其余 $\frac{2}{3}$（或者子二代全部种的一半）像子一代杂种，它们长成的植株结出饱满和皱缩种子的比例为3∶1。孟德尔又用其他性状做这个实验，其结果都完全相同。在每个试验中表现出隐性性状的子二代植株是真实遗传的，它们的种子所产生的子三代植株与亲本是完全相同的。但是，表现出显性性状的植株却有两类：$\frac{1}{3}$是真实遗传的，另外$\frac{2}{3}$产生的子三代中，显性和隐性性状的比例为3：1。也就是说，子代性状产生了分离现象，而且这种分离还遵循着一定的规律。

（三）性状是独立遗传还是一起遗传？

以上所谈到的孟德尔的实验都是涉及单个性状二者择一的表达。如果同时考虑两个性状将会有怎样的结果呢？孟德尔继续用豌豆做他的实验。他用种子饱满而呈黄色的豌豆植株与种子皱缩而呈绿色的植株进行杂交。结果如预期的那样，子一代（F_1代）的所有豌豆都是饱满和黄色的，再用子一代的植株（都是饱满和黄色的）进行杂交，在子二代即"孙子"代中，出现了令人感兴趣的结果。对他的实验结果，孟德尔曾考虑到有两种可能：第一种可能是来自亲体的性状将一起传递；第二种可能是这些性状将彼此独立地遗传。孟德尔以他特有的洞察力从这些可能的选择中作出了他的预测。如果第一种可能是正确的，即来自亲体的性状一起遗传，那么子二代只有两种种子：饱满－黄色和皱缩－绿色，根据单性状遗传的规律，它们的比例将是3：1。如果第二种可能是正确的，即性状独立遗传，那么将有四种种子：饱满－黄色（两种显性性状）、饱满－绿色（显性－隐性）、皱缩－黄色（隐性－显性）、皱缩－绿色（两种隐性性状），它们的比例将是9：3：3：1，孟德尔从他的实验地中发现他的子二代豌豆确实有四种类型：其中314颗是饱满－黄色，108颗是饱满－绿色，101颗是皱缩－黄色，32颗是皱缩－绿色。这个结果非常接近他所预计的9：3：3：1的比例，因此孟德尔断定，植物的不同性状是独立地传递的。

（四）三因子杂交结果如何？

孟德尔在解释他的豌豆实验时，他引用了一个新的生物学概念叫"因子"，他把生物的相对性状归根于因子所决定，这些因子就是现在所说的基因。这些基因可通过配子从亲代传递给子代。孟德尔在两种性状的各种组合中证实了独立遗传规律。他在亲体同时有三个不同性状的实验中也证实了这个定律，这个实验称为"三因子杂交"。

考虑两棵豌豆植株间进行杂交，其中母体的植株是饱满－黄色－紫花，而父体的植株是皱缩－绿色－白花。那么，他们的子一代杂种就是三基因杂合体，由于显性的作用，它结饱满－黄色种子并开紫花。如果这三对基因自由组合，那么三杂合体植株将以相同的概率产生 8 种配子，来自两个亲体的 8 种配子之间随机结合，将有 27 种遗传性状组成。因为显性的作用，这 27 种遗传性状组成将减少到 8 种植株，它们之间预期的比例如下：27 饱－黄－紫；9 饱－黄－白；9 饱－绿－紫；9 皱－黄－紫；3 饱－绿－白，3 皱－黄－白；3 皱－绿－紫；1 皱－绿－白。孟德尔在实验中所得到的数据的比例与这个比例完全相符。

孟德尔花了整整 8 年的时间，从春到秋，天天都全神贯注，小心翼翼地观察着他的豌豆实验，仔细记录每一代"子孙"的各种特点，此外，孟德尔还做了大量繁琐的工作，据统计在长达 8 年的实验中，他一共栽培了数以千计的豌豆植株，进行了 350 次以上的人工授粉，挑选了10000 多颗各种性状的种子。

豌豆实验证实了孟德尔所预想的结果。于是治学态度严谨的他又用玉米、菜豆等植株品种做杂交实验，以便确定在豌豆属里发现的遗传规律是否也适用于其他植物品种。直到实践证明，他的结论可以推广到一般品种才肯罢休。

五、最优秀的科学遗产——孟德尔遗传规律

1865 年 2 月 8 下午，在布尔诺高等技术学院的一座小房子里，正

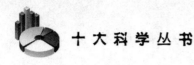

在举行布尔诺自然科学研究会例会。研究会的秘书长耐塞尔教授站起来向大家宣布："今天，将由格里戈尔神父报告他的关于植物杂交试验的新结果。"穿着黑色修士长袍，腋下夹着一叠论文的孟德尔缓步走上讲坛。他那双灰蓝色的眼睛里闪出自信、真诚的目光。

"植物的遗传和变异有两条规律可循。"当孟德尔宣布了这个结论后，全场鸦雀无声，在座的每一个人都把专注的，满怀兴趣的，但又是疑惑的目光投向讲坛。孟德尔顿了顿，继续言辞清晰地讲下去：

第一，当具有成对不同性状的植物杂交时，所生第一代杂种（"儿子"）的性状都只与两个亲体（即杂交的"父"与"母"）中的一个相同，另一个亲体的性状则隐而不显。这是显性定律（也就是现在遗传学上所说的孟德尔第一定律）。如将"儿子"们（杂种第一代）再自相杂交，所生"孙子"（杂种第二代）的性状就不再相同，而会发生"分离"，而且显性性状的个体数与隐性性状的个体数之间的比例是个常数

植物的遗传和变异有两条规律可循……

——3∶1。这是分离定律（也就是孟德尔第二定律）。

第二，当同时具有两对或两对以上不同性状的植物杂交（如圆粒兼黄色的豌豆杂交皱粒兼绿色的豌豆），所生第一代杂种全是圆粒兼黄色的，而第二代杂种的每一对性状各自按3∶1的比例独立分离、互不干扰，也即圆粒黄色的与圆粒绿色的比例是3∶1，而皱粒黄色与皱粒绿色的比例也是3∶1，这就是独立遗传定律，也叫自由组合定律（即孟德尔第三定律）。

接着，孟德尔款款细述导致这些结论的实验经过，以及对这些结论的理论证明。在座的学者们，包括布尔诺最有名望的生物学家、化学家、植物学家都全神贯注地倾听着，他们完全被这个新奇的理论吸引住了。

报告结束了，学者们向孟德尔鼓掌致意，不是热烈的，而是有礼貌的掌声。没有人提出疑问，也没有人大声叫好，会后也没有举行讨论。显然，孟德尔的理论超越了与会者所能接受的水平。

六、我的时代一定会到来

在孟德尔以前的许多科学家也曾试图解释生物性状是如何遗传的问题。他们也用植物或动物进行杂交，然后观察子代和亲代的相似性。结果是令人迷惑不解的：子代的一些性状像一个亲体，另一些性状像另一个亲体，再一些性状则显然与哪一个亲体也不相像。找不到明显的规律性。而孟德尔却取得了成功，这应归功于他卓越的洞察力和实验方法。他的定量研究的方法和数理统计能力简直是惊人的，他所采用的遗传学分析法——统计在适当杂交的子代中每一类个体的数目——现代仍在使用。这是20世纪50年代分子遗传学发现之前唯一的遗传学分析方法。

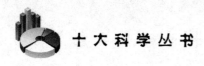

除了这种成功的方法以外，孟德尔之所以成为天才的科学家，还在于他构思创建性理论时表现出的独创性，虽然孟德尔的理论是作为一项假说而提出的，但他阐述得相当完美。

耐塞尔教授早已敏锐地预感到，孟德尔的遗传学理论将来一定会被人们所接受，而且还可能带来一场惊世骇俗的思想革命。在他的热心支持和帮助下，1866 年布尔诺自然学研究会会刊发表了孟德尔的题为《植物杂交实验》的著作。遗憾的是，这部价值非凡的科学著作并没有引起世界科学界的重视，它的绝大多数印本都被丢在图书馆里无人问津。直到 34 年以后，即 1900 年，由荷兰的德弗里斯、德国的科伦斯和奥地利的丘尔马克这 3 位生物学家，分别在自己的研究中重新发现了孟德尔的遗传定律，才使淹没多年的这个伟大学说走向世界，获得了国际性声誉。当然，孟德尔自己坚信这个理论对生物科学有"难以估计的意义"。他在晚年曾对他的朋友说："我的时代一定会到来！"

作为优秀的科学遗产，孟德尔的遗传学规律学说已载入了自然科学的史册；作为一个伟大的生物学家，孟德尔"定量"实验研究和统计分析的方法为科学工作者们开辟了一条成功之路。

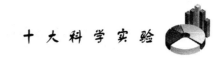

笼罩在 19 世纪物理学上空的乌云

——以太漂移实验

　　我们周围的世界是由什么组成的呢？这是古代学者们思考的第一个问题。17 世纪中叶，许多科学家认为天体之间一定充满着某种介质。他们认为，"虚空"是不可能存在的，整个宇宙充满着一种特殊的易动物质——以太。物质之间的相互作用都应当由这种物质来传递。

　　由于太阳周围以太出现旋涡，所以就造成了行星围绕太阳的运动。光能通过万籁俱寂的虚空，必然有一种介质充满其间，这就是以太。这一时期，科学家们把以太看成是无所不在、绝对静止、极其稀薄的刚性介质。然而，直到 19 世纪，还没有一个实验能直接证明以太的实际存在，从实验中得到的往往是相互矛盾的结果。那么，以太是否真的实际存在，以太的存在形式及性质如何？以迈克尔逊为代表的实验物理学家历尽坎坷，经历了漫长的实验探索，最后使以太理论从鼎盛一时到为相对论所埋葬。它的历史波澜壮阔，极富有教育意义。

一、应运而生的新概念——以太

　　人类在经历了茹毛饮血的原始时代后，由于生活的种种需要，从而推动了人类文化的发展。人们对身边所发生的种种自然现象不再是置之不理地适应。到了 18 世纪，文化的发展已基本形成科学的体系。人们发现："抛出去的物体总是会落到地面上，摩擦过的琥珀会吸引轻小的纸片，磁铁能够吸引铁质物质……"那么，物体之间的吸引是怎么实现的呢？是经过虚空吗？就在这个时候产生了一种新概念，认为有某种中间介质充满物体之间的空间，这种介质后来被人们称做以太。物质之间的一切相互作用都是经由这种介质来传递。世界是由放在以太、时间和空间之中的各种各样的极其微小的水、土、气和火的微粒组成的。这就是最初的以太观念，像一切新生事物一样，应时代的需要而产生。

（一）引力由何而生？

牛顿是 18 世纪最伟大的物理学家，他的引力理论圆满地结束了天文学 4000 年的发展历史，使后来得以发现新的行星，而且它至今仍是计算行星和人造地球卫星轨道的根据。

牛顿的引力理论看起来是一种通过虚空进行作用的，或者说是一种远距离作用的理论。但是，我们都知道，月球在运动中要不断地调整自己的轨道速度，才能克服地球对它的吸引而不至于掉落地球上。牛顿是唯物主义者，他自然也不会相信，有什么阴司传播者在传递地球和月球之间，以及地球与任何其他落向它的物体之间的相互作用。一个物体能够不经过任何东西，在虚空空间的任何距离作用于另一个物体，这对牛顿来讲是不可思议的。引力应当是自始至终按着一定的规律起作用的媒质引起的，这种媒质就是以太。

那么，牛顿是怎样描述他的以太的呢？牛顿认为：以太在形状上是由彼此存在着微小差别的微粒组成，而这些微小的差别是连续变化着的。与空旷的空间里相比，在物体的空隙里，粗大的以太比细小的以太要少。因此在地球这个大物体中，与在空气范围里相比，粗大的以太比细小的以太多。空气中的粗大以太作用于地球的上面范围，而地球中的细小以太作用于空气的下面范围。这样，从空气上层到地球，从地球表面到中心，以太越来越小。现在试设想有某个物体悬浮在空气中或者放在地球上。按着上面的理论，物体上面孔隙中的以太比下面的要粗大；而同细小的以太留在自己的孔隙里的能力相比，粗大以太留在自己的孔隙里的本领要差些。所以，粗大以太就会跑出去让路给下面细小的以太，而只要物体不向下降落并让出地方来让粗大以太跑出去，则这一切就不可能发生。这就是牛顿的以太理论，它可以解释引力的原因，它具备所有以太的属性——极其稀薄，无限延伸，在物体周围和物体自身中都存在，能流动，能运动，既不是气体，也不是虚空。

粗大的以太就会跑出去让路给下面细小的以太

（二）物体运动与以太旋涡

牛顿为了解释他的引力理论而设计了自己的以太假说。他的以太假说圆满地解释了引力的原因，可以说，以太在力学中的作用和贡献是巨大的。

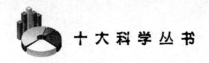

笛卡尔也提出了自己的以太观念，他认为以太充满整个空间，而不像牛顿所说的那样，仅是充满了物体中的孔隙或者物体近旁的周围。笛卡尔认为以太是空间的同义词，虚空是不存在的。

那么，物体怎么能够运动呢？笛卡尔认为：物质是由许许多多粒子构成的，一个粒子由于某种原因被迫离开自己的位置，它让出的位置立即被下一个粒子占据，而空出来的位置又照样为后来粒子所填补，以此类推，就有点儿像做调位置的游戏。由于粒子作循环的旋转运动，这种相似的程度就更大了。这样，运动的结果引起了中心在每个粒子聚集处的以太旋涡。笛卡尔认为，正是由于以太旋涡才产生了可以观察到的恒星世界和行星世界，乃至宇宙中的一切物体。

粒子的相互运动就其作用来说，有点像球磨机的作用：它不断在研磨着粒子，把它们磨成更细小的粒子。研磨出来的大粒子最后形成天体，而比较细小的粒子则由于旋涡而来到外围，在那里形成火焰状物体，并由这样的物体构成各个星体。

笛卡尔的以太旋涡在过了两个世纪以后，在麦克斯韦的电磁理论中得到了独特的反映，而他的关于太阳和恒星是由火焰状物体所组成的这个猜测原来是完全正确的。

二、会发光的以太

（一）发光以太的兴与衰

关于光是什么的问题，对于物理学来说是极为重要的，正是对光的性质的研究导致在 20 世纪初产生了量子论和相对论。

对于光的本质的种种观点，一直到 20 世纪初才得以共识，那就是光具有波粒二象性。就是说光既有波动的性质，又具有粒子的性质，描述光的这两方面性质的理论称为光的波动说和粒子说。关于光的本性的微粒观念是牛顿在前人研究的基础上提出来的；而波动观念则被认为是荷兰物理家惠更斯提出来的。

惠更斯的光的波动图像的第一个素描就是：光是在"均匀、敏感的媒质"中，即发光以太中以波的形式传播。在惠更斯的理论中，以太以新的姿态出现，它赋予以太以新的、更加重要的属性，那就是以太的稀薄性和透明性。只有具有这些属性的以太才能成为传递光波的媒质。按照惠更斯的看法，光是以太的"状态波"；以太总体上是不动的，而只是它的个别部分在振动。因此，振动的状态在以太中向四面八方传递，光波所到达的那些以太点本身又成为次级光波的源。这些次级光波相互叠加起来而给出一个合成波，这样，它似乎把先前的波继承了下来。由于牛顿是光的微粒说的坚持者，他对光的波动说采取激烈的反对态度。牛顿在世时就已经不仅在学者中间，而且还在统治阶级上层社会中享有巨大的威望。就像被教会奉为"圣者"的亚里士多德的权威一样，这个权威在很长的一段时间里阻碍了新物理学思想的成长。这样，由于牛顿以及他的追随者，发光以太的概念的发展在 18 世纪被迫停顿了。

（二）再度复兴的发光以太

被 18 世纪物理学家"遗忘"了的发光以太的再度复兴，首先是同英国物理学家杨氏的名字联系在一起的。杨氏多才多艺，他把"任何人都能做到其他人所做的事"这句话奉为自己的座右铭。这句格言可能显得过于自信，但是，杨氏的所作所为及所取得的成绩完全证明了自己能够遵循这一信条。而且，他还做出了在他之前别人未能做到的事。他第一个证明了光的波动本性，发现了光波的干涉现象，解释了许多不遵从惠更斯波动说的光学现象。杨氏在建立他波动光学原理时，给以太以新的内容和属性。杨氏用了四个关于以太的假说来说明他的波动光学原理。他的以太假说是这样的：第一，稀疏和有弹性的发光以太充满了宇

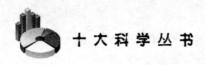

宙；第二，在每一次物体开始发光时，就在这个以太中激励起振动；第三，对不同颜色的感觉取决于由以太传递给眼睛视网膜的以太振动不同的频率；第四，一切物体都吸引以太介质，因此，后者聚集在物体的物质之中以及它们周围的近距离之内，在那里，以太的密度最大，虽然密度大，但以太的弹性则保持不变。

杨氏的第一个假说同惠更斯的以太假说没有什么区别，但与惠更斯所说的光以一个个脉冲来传播不同，杨氏认为，光是连续的振动过程，它不是以一个个峰，而是以光滑的波的形式在以太中行进。现在可以给予这个波一定的频率，这样，光波的颜色和对它的视觉就可以同频率联系起来。

就这样，曾经冷落一时的以太随着杨氏的波动理论的影响不断扩大而再度登上了历史的舞台，而且还扮演着如此重要的角色，人们又不得不承认它而且是另眼相看了。

（三）扩建"以太大厦"

"以太大厦"的扩建是从菲涅耳开始的，他的思想和杨氏一样活跃，而且还大大地超过了杨氏。他在光学方面的贡献是非常巨大的，他不仅发展了光的衍射理论，而且还解决了一个历史上的大难题。在惠更斯时代，人们就已经发现了偏振光现象，人们对偏振光所表现出的特殊现象非常好奇，并迷惑不解。它在历史上曾引起好多人的兴趣，人们纷纷来研究它，但都未能得出结论。是菲涅耳从弹性发光以太出发，为偏振光现象描绘出了一幅极为完整的图景。但是，与此同时，却伴随着一个不愉快的情况发生了。因为要解释偏振光现象就不得不假设光波是横波，而弹性横波只能在固体中传播。这实际上同力学定律没有任何抵触，只是给了"以太流体"以沉重的打击。以太可能是固体，这怎么可能呢？看起来，以太这座"大厦"要从根基上被摧毁！然而，会这么轻易吗？科学上绝不会有这样的事情发生。以太这座"大厦"决不是"轻飘飘

因为要解释偏振光现象就不得不假设光波是横波……

的"，也不会因为同确凿的事实和尖锐的反对意见相冲突而化为尘埃。

以太已经被纳入了当时许多物理学家们的完整体系之中，驱逐以太就意味着很多占主导地位的研究者的世界观瓦解。难道他们会轻易这样做吗？不，完全不会。于是，他们想出了一个万全之策：改变以太的形象，至少在理论上做些改变，以便使之适应于新的事实，这是很容易做到的。19 世纪的物理学家正是致力于此，一直到该世纪末，"以太大厦"没有倾覆，相反扩建了。

法国科学家柯西首先在以太中引入了对光波共振的原子，并认为，原子的尺寸同它们之间的距离相比是微不足道的，而这一距离本身又远比光波的波长短。柯西的以太理论称为以太原子。利用这个假设，可以获得一个描述光的折射率对其波长的依赖关系的公式。

英国人麦古拉别出心裁地做了建立起无矛盾的弹性发光以太理论的尝试。他认为，当光波在以太中传播时，在以太中所发生的唯一过程不是切变，也不是压缩和稀疏，而是它的各个弹性元的旋转。麦古拉的理论遭到了同许多过分别出心裁的理论一样的命运——未获得同时代人的承认。

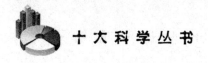

以太在光学领域内作为发光以太经历了如此坎坷多变的风风雨雨，同时也因其伟大的作用而得到了应有的重视并在历史上赢得了自己的一席之地，可以说，发光以太是整个光学理论大厦的基石。那么，以太在其他理论体系中起着什么样的作用呢？少年朋友们，你们一定很想知道吗？好！让我们再看看以太的魔力是否在其他领域内也奏效。

三、再挖掘未知的以太

电现象和磁现象是我们最早熟悉的两种现象，也是离我们的日常生活最近的两种现象。研究电现象和磁现象的历史比起力学史来要更为广阔和丰富多彩。电和磁的世界也比自远古以来就显示在人们眼前的、简单的机构位移的世界，要错综复杂得多和丰富多彩得多。还在远古的时候，人们就已经知道了一些简单的电现象和磁现象——摩擦过的琥珀吸引丝线和布屑，磁化物体的相吸和相斥。在古代人的想像中，无疑对大气中的电现象——闪电和船桅顶上发光的小球感到惊奇。磁现象那时已获得了最初的实际应用：航海家应用磁罗盘导航。

随着电磁学的发展，以太在电磁学中也获得了地位。最初把"电以太"引入物理学的是美国的富兰克林。富兰克林曾断言：一切物体中都存在着一种无所不在的电流体——电以太，世界上的一切物质都是由电以太构成的。不过，在一般情况下，物体处于正常状态时，我们观察不到它，比如说，物体只有经过摩擦或者简单地同其他物体接触后，获得多余电流体（电以太）的物体带正电，而失去这部分电流体的物体带负电。在一切物体中，电流体的总量保持不变。这样，富兰克林和自己的电以太理论一起把一个新的无比重要的定律——电荷守恒定律引进了物理学。

　　法拉第是19世纪磁学研究领域的实验物理大师，他通过研究在介质中所发生的电现象和磁现象，发现了介质的种种令人奇怪的性质。法拉第越来越深信介质的作用不仅在于带电物体和磁化物体本身，而且还在于这些物体周围的空间："磁的作用有可能，甚至可以设想是经过中间粒子的中介而传递的。"

　　这个效应是怎样实现的呢？法拉第断言，是经过同电力线一样现实地存在着的磁力线而实现的。这些线就是磁作用力和电作用力的传递线，磁场本身就是一个以太流，以太是力线的荷载体。同样，为了解释一些电磁现象，电磁以太也被赋予了一些奇妙的特性。法拉第认为：电磁以太应当是一种固态弹性介质，具有极大的刚性。

　　后来，麦克斯韦又提出了光的电磁理论，他把"产生电磁现象的媒质"和发光以太统一起来了。这样，以太的性质就显得那么一致和集中。电磁波以光速传播的预言被证实后，使以太的存在在物理学界获得了更广泛的承认。实验表明：光和电磁波是横波，而横波只能在对切变产生阻力的介质内传播，所以应该把以太想像为一种固态的弹性介质。从光速的巨大数值来看，这种以太应该具有极大的刚性。但为了解释天体在以太中的运动并不受到阻碍的事实，还得假设以太极其稀薄、质量极轻甚至没有质量，可以无摩擦地让一切物体透过。这种性质绝非任何已知物质所能具备的。所以在19世纪，人们提出了种种以太模型来使它适合自己理论的需要，"以太大厦"越来越庞大。但是，无论怎样都无法摆脱以太的神秘色彩。

四、以太漂移的初期探索

　　随着光学理论的不断发展，为了解释一些更加高深的问题，对以太的要求不再是从光波经过以太传播方面的性质，而是从整个以太或者它的个别部分的运动方面来研究以太问题。这就是关于发光体或者受光体的运动对可观察的光学现象的影响问题，换句话说，也就是关于物体和以太的相互作用问题。

随着科学的日益发展，人们已经证明了光和电磁波相对于以太的速度是各向同性的，也就是说，光和电磁波在以太中传播时，在以太的各个方向上速度都一样，而且恒等于一个常数 C（这个常数约为每秒300000 千米），那么，这样一来，人们就可以在不同的实验室（这个实验室是运动的，如地球）里观察光在不同方向上速度的差异，即观测"以太风"，从而来判定实验室相对于静止的以太运动状态。反过来，如果实验室里的运动状态是已知的（如速度的大小、方向都已知），我们就可以判定以太的运动状态，并进一步确定以太是否是真的存在。以太的这种相对于实验室的运动被称做"以太漂移"。这样，在研究物体与以太相互作用的热潮中，"以太漂移"的实验被广泛地进行着。

（一）发现了光行差现象

1728 年，英国天文学家布拉德雷在观察恒星方位时，他发现了一个奇怪的现象。布拉德雷把望远镜垂直安置，从中盯住一颗明亮的恒星进行观察，在经过长期的观察后，他发现这颗一直被人们认为不动的恒星，在经过两星期以后在天穹上略为向南移动。后来达到最南点，再折回向北，达到最北点，随即又重新向南移动，从他观察之日起，正好经过一年回到了原来的位置上。他将一年四季所观测到的恒星位置折算到天顶，这些位置便构成一个小椭圆。这是多么新奇啊！可是，恒星为什么会沿着这样奇妙的轨道移动呢？布拉德雷对这种现象很困惑，他无法解释自己所观察到的恒星的奇怪行为。他时刻在考虑着这个问题，但总是找不到合理的解释。

1728 年 9 月的一天，布拉德雷在泰晤士河流中航行，他站在船舱

突然他发现海风好像在船改变航向时也改变了方向

的甲板上，海风迎面习习吹来，突然他发现海风好像在船改变航向时也改变了方向，因为桅杆上的风标改变了方向。他把这个想法随口告诉了身边的水手们。水手们笑着说，这是由于船的航向变了，而风的方向并未改变，所以风标相对于船上的指向才发生了改变。这个解答给布拉德雷以很大的启示。他立刻想到，光的有限传播速度和地球公转运动一起，引起了天体运动方向的周年视觉的变化，这就是"光行差"现

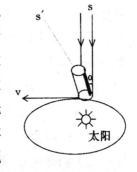

象。由于光速度矢量和地球运动矢量相合成，所以合速度矢量应当指向与地球在轨道上立定时所求得的方向略有不同。布拉德雷运用光的微粒说为光行差作出了简单的解释：由遥远的恒星 S 传向地球的光微粒类似于垂直下落的雨滴，当我们向前奔跑时，它好像倾斜地向我们飞来，因此，望远镜管子就由于自身被地球带着向前运动而必须向前倾斜一个角度 α，所以恒星的位置看起来在 S′方向。角度由地球公转速度与光微粒

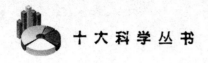

的速度的比率决定：$tga = \dfrac{v}{c}$。这样，知道了为使恒星"在原地立定"而望远镜所应转过的角度（光行差角）和地球沿轨道运动的速度，就能确定光的速度，布拉德雷这样做了，得出的光速值约为每秒 300000 千米。

（二）以太风与光行差

到了 19 世纪，光的波动说获得了胜利，需要用波动说去解释光行差现象了。按照微粒说，可以顺理成章地就得出：光速根本同它的观察者的运动无关。而按照波动说也可以认为，光在以太中的传播同沉浸在其中的物体的运动无关，也就是说，以太是不动的。于是又获得了一个令人惊讶的以太属性，以太成了不寻常的流体：物体经过它运动，而它保持静止不动。

1846 年，英国物理学家斯托克斯声明，以太不动是不可能的。他接着给出了一系列关于以太运动的理论观点。他认为：紧挨着地球的以太应当整个地同地球一起运行，围绕地球的以太云在地球沿轨道运动时被地球完全裹携走。不过，这个以太云的各层是以不同的速度在运行的：云层离开地球越远，它的速度就越慢，因此，在运动着的地球后面好像形成了一个以太尾巴，好像有一种以太风在吹拂着地球，吹走以太云。结果就得出了类似 17 世纪有学问的神甫门扬所想象的光的折射那样：战士们排成宽的队形在草地上行走，突然，其中一部分战士在路上遇到了难以通过的耕过的土地，这部分战士立即放慢了行进速度，而队列则开始转向耕地。斯托克斯也是这样认为：由于光速在紧挨地球的比较密的以太层中减慢，所以来自恒星的光的波就转向，这正好解释了光行差现象。但是，斯托克斯的这一以太完全吸引的假说，经过半个世纪后，就被证明了它是站不住脚的。

菲涅耳在解释光行差现象时，采用了部分吸引假说。他认为：以太被在其中运动着的物体所裹携，不过不是全部裹携，而只是部分地被带走。举例说，当望远镜同地球一起运动时，比较密的以太被它的透镜所带动。因此，以太的吸引系数取决于以太的密度。他还假定透明物体的折射率决定于以太的密度，由此就可以得出透明物体中的以太比真空中的以太密。他进一步假设，真空中的以太是绝对静止的，当透明物体运动时，物体只能带动多于真空的那一部分以太。他还给出了物体相对于以太的运动速度和以太的重心移动速度的关系公式。菲涅耳的部分吸引系数公式被直接的实验证实了它的正确性，使它成了 19 世纪以太学说的重要组成部分。但是，以太的历史还远远没有结束。菲涅耳用以太解释光行差的另一条特殊结论却始终未见分晓，这就是，当透明体的折射率等于 1 时，曳引系数为 0，以太应静止不动。这正解释了光行差现象。但是，这样一来，地球表面的空气由于其折射率等于 1，可以把地球表面的以太看作是静止的。如果地球表面的以太静止不动，以太和运动物体之间就要有相对运动。从运动物体上看，以太应该有漂移速度。地球沿轨道运动，将会沿相反方向出现以太风。如果确实是这样，就给人们提供了一种可能的途径：通过测量以太相对于地球的漂移速度，来证实以太的存在和探求以太的性质。

以太这个神秘莫测的物质，一直吸引着无数的科学家们对它进行探究，人们想搞清楚它到底存在与否，如果存在，它的性质是怎样的。既然有这样一种探求以太的思路，人们便纷纷付诸行动，一时间，探测以太风的实验在世界各地由不同的人进行着。

以迈克尔逊为代表的实验物理学家正是沿着这条路继续向前探索。

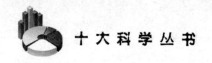

五、物理学上空的一朵乌云

在物理学的发展史中，迈克尔逊－莫雷实验是最著名的实验之一。这个实验测到的以太漂移程度为零，是人们没有意料到的，这个结果对以太理论是一个沉重的打击，被人们称为是笼罩在 19 世纪物理学上空的一朵乌云。

（一）巧妙的构思

地球在以太的海洋中运行，如果以太不随地球运动，它们之间就必然有相对运动。那么，从地球上空中发出的光线一定会受到以太流的影响而改变自己的速度，这就好像轮船上抛出的木片会受到由于轮船运动而发生的水流所影响一样。如果我们可以在地面上，从光由一站到另一站所经历的时间来测得此时的光速，那么我们就可以从相反方向测得的光速值来确定以太相对于地球的速度。实际上，地面上测光速的各种方法都取决于两站之间的往返行程所增加的时间，以太的相对速度等于地球的轨道速度，由此增加的时间仅占整个传播时间的亿分之一，所以，的确是难以观察。"亿分之一！"这是测量史上从未达到过的精度！这简直不可能实现！

美国物理学家迈克尔逊是擅长光学测量的著名实验大师，面对如此精确的数值，他左思右想，最后终于设计出了一种方法来测量光速差。迈克尔逊独具匠心的实验设计，是实验获得成功的先决条件。他用互相垂直的两束光产生干涉来比较光速的差异，实验的精度可达亿分之一，有可能检测到以太漂移的速度。

有了这种想法之后，迈克尔逊就准备开始筹备实验，正好这时他有机会到光学技术最发达的德国学习。1880 年，他在柏林大学的赫姆霍兹实验室开始筹划用干涉方法进行以太漂移速度的探测实验。

当时，利用干涉原理进行光学测量的方法是较先进的实验方法，因此，许多测量中都应用此方法，并且作为成套的仪器已有商品供应。迈克尔逊吸收了这些仪器的长处，并且创造性地用之于以太漂移速度的测量。

他的构思非常巧妙：

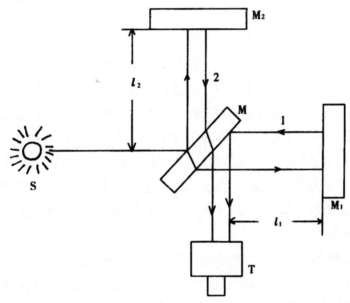

光源 S 发出的光，经半透射的 45°镀银面 M 分成互相垂直的两束光。透过 M 的一部分组成光速 1，经反射镜 M_1 反射，返回 M 后再反射到望远镜 T 中；被 M 反射的一部分组成光速 2，经反射镜 M_2 反射后，也反回 M，再穿过 M 到达望远镜 T，两束光在望远镜 T 中发生干涉。如果以太的漂移速度等于地球的轨道速度为每秒 30 千米，方向与 l_1 臂平行，光的速度为每秒 300000 千米（在真空中），按着迈克尔逊所设计装置的尺寸，当把整个仪器转动 90°，干涉条纹应移动 0.04 个，这在实验技术上是可能观察到的。于是，迈克尔逊满怀信心地开始了

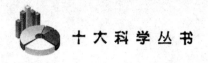

实验。

（二）零结果的出现

迈克尔逊按着自己的设想，开始进行实验操作。当时，他的实验条件很差，他用有限的经费来购买实验所需的光学元件，干涉仪的支架只好用现成的产品，所有的光学元件都是用蜡封在支架上，调节起来非常费事。特别是支架怕震。一有震动，干涉条纹的移动会大大地超过预期值。

开始，迈克尔逊是在柏林大学进行以太漂移的测量实验，后来，因震动干扰太大，无法进行观测，他只好将自己设计制造的实验装置都搬到波茨坦天文台的地下室。这里的条件比较适合观测，噪音小，又没有太多的干扰因素，迈克尔逊便开始了长期的实验观测工作。他非常细心地记录着每一个实验的环节问题，实验终于在 1881 年 4 月完成。可是实验结果却出乎迈克尔逊的意料，他观察到的条纹移动远远小于预期值，而且所得的结果与地球的运动方向无固定关系。于是，迈克尔逊大胆地做出结论：实验结果是干涉条纹没有移动，可见，静止以太的假说是不正确的。

实验结果发表后，立即引起了物理学界的非议，迈克尔逊也觉得实验结果不很理想，他自认为这次实验很不成功。他打算将此实验暂告一段落。

（三）以太之谜

迈克尔逊的实验结果就这样搁置了下来，零结果不会被任何人所接受，就连迈克尔逊本人也感到失望而不再提及此事，以太到底存不存在，对每个人来说，这是个难以揭开的谜。1884 年，开尔文访问美国，在讲学中会见了迈克尔逊，他对迈克尔逊的实验表示非常赞赏，并且鼓励他和当时在场的化学家莫雷合作，继续做以太漂移实验。在开尔文的热情鼓励下，迈克尔逊和莫雷欣然接受了他的建议。

　　1887 年 7 月，他们在美国克利夫兰州的阿德尔伯特学院的主楼底层正式开始了实验，这次，他们的实验准备得相当细致而且充分，为了减少误差，他们想尽了所有的办法。为了维持仪器的稳定，减少振动的影响，他们把干涉仪安装在很重的石板上，然后让石板悬浮在水银液面上，并且可以平稳地绕中心支轴转动。为了尽可能增大光路，尽管干涉仪的臂已长达 11 米，他们还是在石板上安装了多个反射镜，使光速来回往返 8 次。根据这些数值的计算，干涉条纹的移动量应当为 0.4。一切准备就绪后，他们便开始了实验测量，这时的迈克尔逊已经是克利夫兰城凯思应用科学院的教授了，但他在实验中干起活来，却像一个技术娴熟的熟练工人。他们怀着迫切的心情想得到这次实验结果，实验终于完成了，测量的结果是：干涉条纹的移动量还不到 0.01，零结果又出现了，他们还是很失望，迈克尔逊和莫雷认为：即使在地球和以太之间

他称自己的实验是一次"失败"……

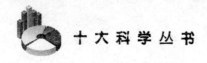

存在着相对运动，它必定也是很小的，小到足以认为可以忽略这种运动。既然这次结果又是这样，原来打算在不同的季节继续实验的想法打消了。他们敢肯定地做出结论：干涉条纹没有移动，地球与以太之间不存在相对运动。

显然，否定结果（也称零结果）表明，企图检测的以太流是不存在的，静止以太的假说被证明是不正确的。这个结论与迄今被普遍接受的光行差现象的解释直接矛盾着。这对当时的每一个人来说都是迷惑不解的，而且在很长一段时间内，依然是这样。人们并没有认为该实验是判决性的，就连迈克尔逊自己也大失所望，他称自己的实验是一次"失败"。他并不认为自己的实验结果有什么重大意义，他觉得，这个实验之所以有意义，是因为他独具匠心地设计了一个灵敏的干涉仪，并以此自我安慰。

六、彻底摧毁以太

"山雨欲来风满楼"，笼罩在19世纪物理学上空的这朵乌云并非微不足道，尽管人们从心里不想接受它，否认它，但它也没有在经典物理学的范围内被驱散，反而迎来了20世纪物理学的一场"风暴"！在这场大革命中，年轻的爱因斯坦一马当先，他以光速不变和狭义相对性原理这两个基本假设为前提，于1905年建立了狭义相对论。迈克尔逊-莫雷的实验结果引起了相对论的问世。零结果被肯定了，乌云也被驱散了。

在狭义相对论这幅壮丽的图景里，以太何在呢？爱因斯坦的光速不变原理使它不复存在了。因为，如果以太存在，并和地球之间有相对运动，那么当一束光沿着地球运行方向射出，即逆着以太流射出时的速度与它逆着地球运行方向射出时的速度应该有一差额。可是实验观测表明，不管光从哪个方向射出，光速的数值总是一样的，并不存在这种差额。爱因斯坦并不假定以太必然不存在。他说得比较精确：无论在力学还是在电磁学之中，没有一个物理现象里能够发现有以太参与。根本不需要以太！

在一千年的历史中，人们发明了行星可以在其中运行的以太，发明了用来形成电气和磁流的以太，把感觉从我们身体的一部分传递到另一部分的以太，直到整个宇宙空间都充满了 3 种或 4 种以太……在这众多的以太模型中，只有惠更斯发明的解释光的传播的以太存活得久一些，但最后还是被宣告了这个幸存以太的寿终正寝。

以太一千年的历史就这样结束了。以太消失了，它的地位留给了谁呢？——留给了粒子和场。少年朋友们，在以太的产生到消失的波澜壮阔的历史中，你受到了哪些教育呢？你们不觉得在新旧事物的交替中，除了历史的必然之外，还需要许许多多人们的不懈努力吗？你们是世界的未来，"路漫漫其修远兮"！愿你们在未来的漫漫长路中，不懈地努力，用你们的智慧去书写科学王国中的新篇章。

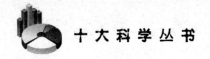

开辟医学的新纪元

——微生物研究实验

生活在 20 世纪末的人们，对各种自然资源都有了新的认识，并已经用他们的智慧开始了有效地利用和保护这些资源。人们运用科学知识重写了地球史，而地球本身也在伟大的进化法则的推动下向前发展。特别是巴斯德，他的辛勤研究使人们对人的生存的各种条件认识得更加清楚，并为人类提供了同危害人体和动物的各种疾病进行斗争的有效方法。巴斯德的一生中，为人类所作的贡献是无与伦比的。

一、疾病猖獗的年代

疾病，自人类产生以来，就像恶魔一样威胁着人们的身体健康乃至生命安全。人们诅咒它，却无法彻底摆脱它。尤其在古代，多少无辜的生命死于种种疾病的魔掌之中。面对这种灾难，人们表现得那么无奈，他们烧香供佛，求助神灵保佑一家人健康平安。可是，"万能的神"在病魔面前也显得那么无能为力。后来，随着人类的进步，人们开始用科学的方法来对付各种疾病。

人们在开始研究疾病的时候，首先注意的是疾病所表现出的各种症状。古希腊医学家希波克拉底、盖伦和阿雷提乌期曾经研究过很多种疾病，对各种疾病的症状作过详细阐述，如对疟疾的症状就研究得很详尽。然而，他们对疾病的真正病源却知之甚少，甚至毫不知道，治疗上就更为混乱，人们从简单的经验出发，进行尝试性的治疗。就当时医学界所掌握的知识来看，大部分出于经验主义，有关疾病的起因理论也是错误百出。直到后来，人们开始研究疾病的病源，并找出了与表面症状相应的体内变化，这种情况才得以改观。1750 年到 1850 年的 100 年间，病理解剖学取得了巨大发展，人们对病理外观与疾病症状的关系有了更深的认识。在治疗方面也取得了巨大进展，人们学会了更信赖科学，而不那么信赖药物，不再使用一种万用灵丹了。例如，人们用金鸡纳皮（一种树皮，含奎宁等成分，可用于治疟疾）治疗疟疾长达 150 多年之久，直到拉夫朗发现疟疾的病源后，这种情况才改变。

19 世纪中叶，人们对折磨人类的各种严重瘟疫、热病和恶性流行病的病源了解得太少了，在巴斯德生活的时代以前，可以说是一团漆黑，而巴斯德的研究正是在这种情况下应运而生。随着巴斯德的科学研究的进展，人们对一些疾病的病源才了解清楚，并懂得了如何预防疾病。

二、伟大的事业从这里开始

热病能够传染，流行病能蔓延，感染菌会附着于衣着卧具上，这些事实都说明了病源是一种具有生命的东西。但是这种活的传染源是什么？它是从哪里来的？这在当时还无人知晓，巴斯德面对这种局面，决心要弄个清楚。他的研究是从炭疽病（也叫脾脱疽）开始的。

（一）可怕的炭疽病

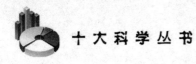
在法国的博斯、布里、尼维尔等地曾流行着一种毁坏农业的瘟疫，这里的人们年复一年地为这种疾病付出沉重的代价。人们把某些发病率高的农庄叫做炭疽庄，把某些山野或山岭视为凶神恶煞，胆敢进入那些田野，登上那些山岭的羊群像是着了什么魔法似的，差不多总是在两三小时内死亡。得病的绵羊落在羊群后面，低垂着头，四肢哆嗦，呼吸困难，然后腹泻便血，嘴鼻流血，最后死亡。从得病到死亡的时间十分短促，以至于牧羊人还没有注意到绵羊得了病，羊就已经死了。死羊的尸体迅速膨胀，从皮上出现的小裂缝中流出又浓又黑的黏稠状血，因此这种病被叫做炭疽病。它之所以也叫脾脱疽是因为剖验尸体后，可以看到脾脏异常肿大，如果切开脾脏可以看到黑色水浆。

这种病在有些地方显得极为凶险。1867 年到 1870 年间，俄国的诺夫龙罗德有一个地区就有 5.6 万头牛死于炭疽病。马、牛、绵羊全部都死了，还有 528 个人在不同情况下受到传染而死亡。针尖大的孔或略有擦伤，都足以使牧羊人、杀牛宰羊的屠夫和农民染上恶性脓疱。这太可怕了，解决炭疽病传播问题已迫在眉睫。

（二）显微镜下的发现

从得病到死亡的时间十分短促，以至于牧羊人还没注意到绵羊得了病，羊就已经死了……

1863 年，图尔丹有个医生，他有一个以务农为生的邻居，邻居所饲养的绵羊在一周之内因患了炭疽病而死亡。这医生把一头死羊的血液取出来，想弄清楚这一疾病的来源，他前思后想，想了一周竟也找不出什么好办法，最后他只好把这血液送给了当时对炭疽病进行研究的达韦纳教授。达韦纳立即在显微镜下对这血液进行观察，他发现了血液中有一种透明而不活动的"小杆"存在，他立即用这种血液给几只兔子接了种，结果兔子全都死了。达韦纳断定，这"小杆"就是炭疽病的病源，他把"小杆"叫杆状弧苗（实际上是杆菌）。杆菌与炭疽病之间的关系应该是确凿无疑的了。然而，慈惠谷医院的两位教授雅耶尔和勒普拉特却否定了这些实验。

这两位教授在一个盛夏的傍晚向夏尔特尔附近的一家屠宰场要来了一点炭疽病死牛的血液，给几只兔子接了种。兔子死了，但血液中没有任何杆菌出现。因此，他们判定炭疽病并不是由一种寄生物引起的疾病，杆菌是这种疾病的附带现象，而不可能是致病的原因。

面对这样矛盾的结果，巴斯德决定亲自着手研究这个问题。他想，要想仔细研究这种杆状菌，就必须为它寻找一种培养基，使它在其中长大，才能方便地研究它。他把一滴死于炭疽病的动物血液——一滴极小极小的血液，小心谨慎地接种到一个无菌球形小瓶里，瓶里盛有中性的或略带碱性的尿（培养基）。几小时后，就发现有一层薄膜漂浮在液体表面，在显微镜下可以看到有杆状菌，但不是短短的断杆，而是丝状体，像纠缠在一起的线团。由于培养基非常合适，丝状体便迅速长大。巴斯德从第一个瓶子里取出一滴液体接种到第二个瓶子里，又从第二个瓶子取出一滴液体接种到第三个瓶子，这样一一接种，一直接种到第四十个瓶子，做这一连续培养的种子都是上一培养物的一小滴液体。取这些瓶子里的任意一滴液体给兔子、豚鼠作皮下接种，它们就立即得炭疽病而死亡，其症状及特征都相同，就好像接种的是原始血液。面对这些

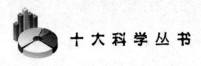

连续培养的结果而认为第一滴血液只含有无生命物质显然是不能成立的。所以，巴斯德认为：毒性来自在每一培养瓶中得到繁殖的杆菌，只有这种杆菌才有这样的毒力，是杆菌的生命造成了这种毒力。巴斯德宣称："炭疽病是杆状菌引起的疾病，正如旋毛虫病是由旋毛虫引起的，疥疮是由疥虫引起的一样，只是炭疽病的寄生物须经显微镜高倍放大后才能看到。"

巴斯德在显微镜下看到杆菌呈现出长丝状后几小时，至多两天，又呈现出一种新景象，丝状物中出现了卵状物，即芽孢。把这种芽孢移植到肉汤里，就会繁殖成丝团那样的杆菌，结果液体里满是杆菌，肉眼看上去像是液体里有梳过的棉花。

巴斯德以其令人钦佩的机体外培养法，证明了存在于血液中的杆菌是生物，这种生物在适宜的液体中能无限繁殖，很像由连续插枝繁殖的植物那样。芽孢杆菌不仅不断分裂形成丝状，而且也会形成芽孢，芽孢通过出芽又可形成新的杆菌。很像许多植物可以用两种办法，即插枝法和播种法繁殖一样。

然而，雅耶尔和勒普拉特的实验还有待于解释，他们怎么能用死于炭疽病动物的血液引起兔子死亡而后来又找不到杆菌呢？巴斯德决定要弄个水落石出。他先在与雅耶尔和勒普拉特相同的条件下进行试验。他们是在炎夏时节采来炭疽病死牛和死羊的血液，血液是从死畜身上抽出来的，时间很可能超过了 24 小时。巴斯德做了安排，要亲自到夏尔特尔附近的屠宰场取动物血，他写了信请屠宰场替他将死于炭疽病的牲畜尸体保存两三天。

巴斯德由兽医布泰先生陪同于 1877 年 6 月 13 日到达屠宰场，屠宰场为他留了三头死畜：一头死绵羊，已死了 16 个小时，一头死马，前一天才死的，还有一头死牛，肯定已死了两三天了，因为是从远处一个村子运来的。巴斯德便开始对这三头死畜的血液进行实验。在显微镜下对这三种血液分别进行观察，结果发现，死的一只绵羊血里只有炭疽病杆菌，马血里除了杆菌外还发现了败血弧菌，而牛血里败血弧菌更多。用羊血给豚鼠接种，豚鼠得了炭疽病，因为羊的血液里有纯的炭疽杆菌；牛血、马血引起豚鼠迅速死亡，但血液里并无炭疽杆菌。原来，雅耶尔和勒普拉特要来炭疽病畜的血液时，血液中已含有败血弧菌，使他们的兔子死亡的是败血症。败血症发作迅速，接种的兔子或绵羊于24小时或36小时内死亡。

正如巴斯德从前证明炭疽杆菌引起炭疽病那样，他通过连续培养这种败血弧菌，证明了一滴培养液会在动物身上引起败血症。不过炭疽杆菌是需氧菌，败血弧菌却是厌氧菌，因此必须在真空或碳酸气中培养。巴斯德全力以赴细心地培养了这些炭疽杆菌和败血弧菌，成功地将暂时共存的两者分开。在与空气接触的培养液中，只有杆菌发育生长，而在不与空气接触的培养液中只出现了败血弧菌。到现在为止，人们已经发

在显微镜下对这三种血液分别进行观察，结果发现，死的一只绵羊……

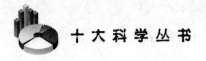

现了各种弧菌、细菌和杆菌等的特征，综合它们的相同特征，巴斯德创造了一个新词来表示它们——微生物。

三、奇妙的母鸡实验

（一）母鸡能得炭疽病吗

巴斯德接二连三的新发现，引起了社会的极大反响。许多人都在对这些重大的发现发表议论。其中有一种无知而自以为是的人，蔑视这大量事实，对巴斯特进行攻击。来自阿尔福地区的巴斯德的同事科兰，就是其中之一。他性格孤僻，不喜欢与人交往，独自一个人在角落里对巴斯德进行批评，滔滔不绝地谈论存在着不含有杆菌的病毒性炭疽病的情况。

1877 年 7 月，在一次研究院的例会上，巴斯德谈到禽类，特别是母鸡不会得炭疽病。科兰马上回击到：让母鸡得炭疽病是最容易不过的事。巴斯德没有同他继续争论，他把自己做实验用的炭疽杆菌培养物给科兰送去一些说："既然母鸡很容易得炭疽病，就请您用一只患炭疽病的母鸡做交换。"过了几天，傍晚的时候，科兰先生来到巴斯德的实验室，巴斯德还未同他握手就问："哎，你怎么还没给我捎来患炭疽病的母鸡？"科兰先生回答说："请你相信我，下星期就给你。"接着在周末的研究院会议上，巴斯德又向科兰索要他的那只奄奄一息的母鸡。科兰回答说：他正在做第二次实验，几天后就会给巴斯德一只患炭疽病的鸡。

一天又一天，一周又一周过去了，巴斯德一再向科兰先生索取母鸡。后来在一次研究会上，科兰先生讲到："我感到很遗憾：直到今天还无法给巴斯德先生一只因患炭疽病而奄奄一息或已经死亡的母鸡。为此，我买过两只母鸡，用毒性很强的血液接种了好几次，但是一次也没得病。也许这个实验以后会成功的，但是碰巧有一天，大概鸡笼没有关严实，一只贪吃的馋狗吃掉了这两只母鸡，因此无法再进行实验了。"科兰的搪塞让众人觉得很可笑，他自己也觉得非常难堪。终于有一天，科兰先生向巴斯德承认使母鸡得炭疽病是不可能的。巴斯德听了他的话笑着说："是吗！我亲爱的同事，我要亲自证明给你看，让母鸡患炭疽病是可能的，空话少说，我总有一天将亲自到阿尔福给你送一只母鸡，母鸡因患炭疽病而死亡。"往往就是这样，真正从事科学研究的人，绝不会把精力和时间放在那些毫无意义的争辩上，他们注重的是事实，是科学实验的结果。就在科兰挖空心思地反对巴斯德的这段时间内，科兰没有拿出事实作为自己的反对根据，而巴斯德却在一系列实验的基础上，又得出了新的结论。在科学的事实面前，反对者不得不低下头。巴斯德就是这样，凭借科学的实验，再加之准确的分析，使自己长期立于不败之地，成为一个伟大的科学家。

（二）母鸡抗病的奥秘

这件事过后的一个星期二，路上的行人看见巴斯德提着一只笼子从高等师范学校出来，笼子里有三只母鸡，一只已经死了。大家觉得有点奇怪。巴斯德提着笼子雇了一辆出租马车去医学研究院，到了院里，就把这些出人意料的东西放到桌子上。巴斯德解释说：这只死了的母鸡于两天前接种了炭疽杆菌，时间是星期天中午 12 时，用的是 5 滴用作培养杆菌芽孢的酵母水。母鸡于星期一下午 5 时，即接种后 29 小时死亡。巴斯德又接着说：面对母鸡能抵抗炭疽病这一奇异的事实，他们想了解这个奇怪的、迄今为止一直是个奥秘的抗病原因，会不会是因为母鸡的体温比各种能得炭疽病而死亡的动物的体温高几度呢？

他们做出了这样的设想后，便进行了一系列奇妙的实验。为了降低接种后母鸡的体温，他们把母鸡在水盆里放一阵子，母鸡的身体有 $\frac{1}{3}$ 浸在水里。经过这样处理后，母鸡于第二天死了。母鸡的血、肺、脾、肝满是炭疽杆菌。这是实验成功的证明。这时在研究院里，又有人前来指责说，母鸡之所以死亡是由于长时间浸在水中的缘故。于是巴斯德又拿来两只活母鸡做试验，其中一只是灰色的，异常活泼；另一只是白色的，用五滴培养液接种后和灰母鸡一起放在同样的水盆里，水温相同，时间也一样。再拿来一只黑母鸡，也非常健康，同白母鸡一样用同一种液体同时接种，只不过这次用了 10 滴而不是 5 滴，以便使这一对比实验更加令人信服，但黑母鸡并不放在水盆里。人们可以看到，黑、灰两只母鸡都健康地活着，白母鸡却死了。因此，白母鸡死于炭疽病应是无需怀疑的。另外，这个结论也可以由死鸡体内充满炭疽病菌而得到证明。

母鸡实验

这时另一个问题又出现了，一只接种过炭疽病菌的母鸡浸在水盆里，是不是只要把它从水盆里拿出来就能痊愈而健康呢？于是又拿来一只母鸡，接种完后把它放在水盆里，鸡的双脚与盆底固定住，不让它动，这样一直到疾病已经明显发作时，才把母鸡提出水盆，揩干后裹上棉花，放在 45℃的地方。母鸡体内的炭疽病菌毒力减弱，母鸡又完全康复了。这个实验确实富有启迪性，因为它证明，只要将体温从 42℃（母鸡的体温）降低到 38℃，就足以造成感染事件，母鸡浸在水中其体温下降到与兔子或豚鼠相同的体温，于是就和这些动物一样成了炭疽病的牺牲品。白母鸡便遭受了这样的厄运。

四、既有益又有害的蚯蚓

将来有可能拯救人类免受那些极小的"敌人"危害的预感曾激发了巴斯德如火如荼的工作热情，使他如饥似渴地进行新的研究。但他努力地克制自己，继续进行工作，回到炭疽病研究上。

受炭疽病毒危害最大的地区是夏尔特尔附近一带，农业部长委托巴斯德研究突然爆发于羊群中的所谓自发的炭疽病的病因，找出治疗和预防这种瘟疫的办法。

巴斯德从炭疽病由杆菌产生这一事实出发，提出要证明炭疽病是由病菌自身扩散所造成的。当一头羊因患炭疽病而死于田地里时，往往就把它埋在倒毙的地方，由于炭疽病芽孢与泥土混合在一起，而别的牧羊人又把羊群赶到这里来放牧，这样就造成了一个传染点。巴斯德认为，这种芽孢能年复一年地生存不息而传播疾病。但是，究竟是怎样传播的呢？难道炭疽病菌返回到了地面？又是怎样返回的呢？有一天，巴斯德在夏特勒附近的圣·热尔曼农场的田间里散步。突然，他停在那里，看着地上一块和周围其他土壤颜色不同的地，他觉得，问题就在这里，这个难题的答案找到了。

他询问当地的农民，农民告诉他，前一年这里埋过几只死于炭疽病的羊。善于思考又善于观察的巴斯德，弯下腰，仔细地研究着这块变色

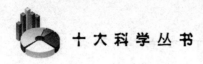

的土壤，终于发现了解决疑问的线索。他注意到，这块变色的土壤表层有蚯蚓带出的大量的土粒。这时他马上想到，很可能是蚯蚓在土壤里爬上爬下，把病羊尸体周围含有炭疽病芽孢的土壤带到地面上来了。那么，蚯蚓带出的病菌芽孢是否还能繁殖成为病菌呢？巴斯德把变色的土壤进行分离，把带有病菌的土壤单独放置起来，在它里面种植上某种植物，再把植物中的成分接种到豚鼠身上，结果豚鼠也得了炭疽病。这回，巴斯德终于得知炭疽病的传播、蔓延的原因了，原来是由于蚯蚓的存在。

巴斯德在揭示蚯蚓这一致病作用时，伟大的生物学家达尔文在他写的最后一本书中却阐述了蚯蚓对农业的贡献。达尔文也是用深邃的注意力和高明的观察方法，发现了对智力平庸的人来说是无关紧要的，不易看到的重要事物。他观察了蚯蚓怎样钻孔，怎样翻转土壤，以排泄"粪便"的方式将这么多小颗粒翻至地面，从而疏松了土壤，由于蚯蚓不断劳动，为农业做出了巨大贡献。这些劳绩卓著的蚯蚓也勇敢无比地穿越死绵羊的土坑，在这双重作用中，一项有利于人类，一项有害于人类，巴斯德和达尔文无意中都发现了。

发生炭疽病的原因找到了，防治也就有了办法。1881 年，巴斯德经过无数次的反复试验，最后研究成了炭疽疫苗——无活性炭疽菌。他先把这疫苗的作用告知当地的农民，然后在几只羊身上进行接种实验，结果，接种后的羊再也没有发生炭疽病，尽管这几只羊和传染源接触非常密切。巴斯德的研究深得广大农民的赞同，人们纷纷把自己家的羊赶来接种，从此这些羊再也没有患上可怕的炭疽病。

五、战胜鸡霍乱

一种新的微生物像炭疽杆菌一样，引起了巴斯德的注意，这次成为巴斯德研究对象的是农家院子里的鸡。

一场突如其来的流行病在一个农家院子里引起了灾难。一只在鸡窝里孵蛋的母鸡，好久没有一点动静，人们以为它一直是在一心一意地孵蛋，可是当人们走近一看，抱窝的母鸡已经死在鸡窝里。还有，院子中间的一只母鸡，周围跟着它孵出的鸡雏，它们"咯咯咯"地玩得非常开心，母鸡像保护神一样保护着它的孩子们，不让任何一只小鸡雏远离它，稍一远离，它就"咯咯咯"地将它们唤回，领着它们四处寻找食物。可是突然间，母鸡无动于衷地让鸡雏四散离去，自己则站在院子中央，摇摇晃晃地呈现出临死前昏昏欲睡的状态。一只气血旺盛、精神抖擞的公鸡，昨天左邻右舍还听到它高昂的啼声，突然间呈现出痛苦的神情：鸡喙紧闭，双眼蒙眬无神，紫色的鸡冠没精打采地耷拉着。它们最多也拖不到第二天，就会快快地死去。在临死之前，它们往往经历一阵痛苦的折磨，才倒在地上一动也不动地死去，有时候也会轻微地扑打翅膀，时间只有几秒钟。其他没有患病的鸡，走近将要死亡或已经死亡了的鸡旁，从四周啄起沾有这些鸡粪便的谷料，结果也同样患上了这种可怕的病，用不了多久，它们也逃脱不掉死亡的命运。人们管这种闪电式的瘟疫叫鸡霍乱。

巴斯德了解了这种情况后，他断然认定，鸡的粪便里一定含有致命的细菌——鸡霍乱菌。于是，他开始着手研究这一鸡霍乱现象。巴斯德拿来一只死于这种瘟疫的鸡，发现尸体里有"颗粒"，这种"颗粒"状微生物就是患病鸡的血液中毒力的根源。要想对这种微生物做深入的研

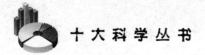

其他没有患病的鸡，走近将要死亡或已死亡的鸡，
从四周啄起沾有这些鸡粪便的谷料，结果也同样患上这
种可怕的病

究，那就得将这种微生物——病菌培养出来，然后再进行研究。巴斯德试验了许多培养基，最后发现最理想的培养基是鸡软骨熬成的汤汁，用碳酸钾中和后，在110℃到115℃的温度下消毒。然后将从鸡尸体中分离出的微生物放到这一培养基里。巴斯德发现，这种微生物在这一培养基里的繁殖力真是惊人。过了几小时后，非常清澈的鸡汁变得混浊了，里面满是极其纤细的微生物。这种微生物中部略窄，初看上去像分离的斑点，并不活动。又过了几天，这些十分微小的微生物变成了大量的、极小的斑点。斑点的直径极小，无法量度。原先几乎是乳白色的培养液几乎又变得清澈了。看来，这种微生物是与细菌类完全不同的一类微生物，这就是人们现在所说的"病毒"。这种微生物的毒力太大了，巴斯德只在一小块面包屑上滴上很小很小的一滴新近培养物，然后将它给关在笼子里的鸡吃掉，一会儿，这只鸡就被毒死。原来吃了这种食物的母鸡是通过肠道传染上这种疾病的。因为肠道是这一微生物的良好培养基，病毒在肠道内很快繁殖，迅速传遍全身，结果母鸡很快就死了。

机遇只偏爱有观察天才的人，现在这样的机遇将为一项伟大的发现

铺平道路。

　　巴斯德将鸡霍乱病毒的培养瓶以 24 小时的间隔不断地接种，发现培养物的毒力依然如旧。但是，巴斯德用原来培养出来的放在一旁的培养物给母鸡接种，几星期后，人们惊奇地发现，母鸡得病以后又痊愈了。接着又用新的培养物给这些意想不到能抵抗疾病的母鸡接种，母鸡没有任何反应，安然无恙地活着，母鸡出现了抵抗力，这到底是怎么一回事呢？到底是什么东西减弱了这种微生物的毒力呢？

　　巴斯德经过仔细的研究，做了大量的实验，最后证明，是空气中的氧气在起作用。巴斯德发现，如果将培养物放置数天、一个月、两个月或三个月各不同的时间，就可以获得各种不同的母鸡死亡率：十只母鸡死了八只，然后是五只，再往后只有一只母鸡死亡，最后居然没有死亡。

　　虽然从未得过鸡霍乱的母鸡接触到这种致病的病毒时会死亡，但那些接受过减毒培养物接种的母鸡，再接触到致病病毒，却只出现了较轻的症状，只有一阵子不舒服，有时甚至完全无恙，它们都获得了免疫力。这种减毒病毒就是我们所说的疫苗。疫苗对我们大家都是很熟悉的，少年朋友们，当你们接受疫苗注射的时候，你们也许还不懂其中的原理，只知道接受了疫苗之后，就不会再得病，现在你们就应该知道并了解接种疫苗的道理了吧。疫苗，使我们免受了许多疾病的折磨，得以健康地成长，这一切，都应该归功于巴斯德。巴斯德不仅研究出制服鸡霍乱的疫苗，他还用不同的方法研制出炭疽病及狂犬病的疫苗，他开创了免疫学这一新的学科。

六、不朽的丰碑

（一）把人类从一种可怕的疾病中拯救出来

在实验室进行的各项研究工作中，有一项研究工作被巴斯德置于其他研究项目之上，这是因为有一个奥秘经常萦绕在巴斯德心头，这就是狂犬病。巴斯德被接纳为法兰西学院院士时，勒南为了证明这一次自己像预言家那样准确，曾对他说："把人类从一种可怕疾病中拯救出来，从一种令人痛心的异常情况中摆脱出来的任务落在你的身上了。"巴斯德在那个充满灵感的时期里，享受着无可比拟的幸福，领受到智慧得以充分发挥、心灵得以充分扩展的欢乐，因为他在为人类造福。他的脑海中许多想法汹涌起伏，像是无数的蜜蜂都想同时从蜂房里钻出来似的。如此众多的计划以及想到的想法只能促使他做进一步的研究，巴斯德一旦踏上了研究之路，他的每一步都是在一连串精确、清晰而无可辩驳的实验中迈进的。

（二）狂犬病毒在哪里？

最先运到实验室的两只狂犬是在 1880 年由布雷尔先生送给巴斯德的。布雷尔先生是一位年老的军队外科兽医，长期以来一直在试图研究出一种治疗狂犬的办法。他发明了一项预防性措施，即把狂犬的牙齿锉去一截，使狂犬咬人时不至于把牙齿啮入人的皮肤。但终不是解决问题的根本办法。现在，他突然想到，也许高等师范学校实验室的研究人员比自己在狗舍里进行的实验更有把握获得成功。于是，他把两只狂犬送到了巴斯德的实验室中。

布雷尔送来的两只狗，有一只正患着叫"哑疯症"（麻痹型狂犬病）的疾病：病狗下颌低垂，嘴瘫痪地半张着，舌头上满是白沫，眼睛里充满着痛苦的神情；另一只狗见到伸过来的任何东西都猛扑过去，充血的眼睛里充满着狂怒的神色，在谵妄性的幻觉中发出连续不断的绝望嗥叫。当时，人们对这种疾病的病变部位、起因和治疗方法都存在着许多混乱的看法。但有三点看来是肯定无疑的：第一，狂犬病毒存在于狂犬的唾液中；第二，病毒通过口咬传染；第三，潜伏期可能从几天至几个

　　布雷尔送来的两只狗，有一只正患着叫"哑疯症"的疾病……

月不等。巴斯德虽然尊重前人的研究成果，但他不轻信任何一种观点，他决心要通过实验得出结论。

　　1880 年 12 月 10 日，有人告诉巴斯德说，有一个 5 岁的小孩于一个月前被疯狗咬伤脸部，现在刚送入特鲁索医院。这个不幸的小患者呈现出狂犬病的各种症状：痉挛，烦躁不安，稍一见风就浑身颤抖、抽搐和一阵阵的狂怒，各种症状都具备了。孩子遭受了 24 个小时的折磨后痛苦地死去——因嘴里塞满粘液窒息而死。巴斯德赶到医院，从孩子的嘴里收集了粘液，与水混合后，给兔子进行接种，不到 36 个小时，兔子死了。有人认为宣布兔子死于狂犬病是有充分理由的，但是，巴斯德并不急于下结论。究竟狂犬病毒是不是存在于狂犬的唾液中，还需继续实验，继续观察。

　　有一天，巴斯德正打算从狂犬的嘴中收集一点儿唾液，布雷尔的两

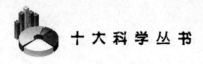

名助手从笼子里往外拖一只口吐白沫的患狂犬病的哈巴狗。他们用套索将狗抓住，把它绑在桌子上。这两名助手和巴斯德一样处于极大的危险中，但是，他们沉着勇敢，用强有力的双手按住狂乱挣扎的疯狗，而巴斯德则口含玻璃管从狗嘴里吸出几滴极毒的唾液。

但是，用唾液接种依然令人不安，因为潜伏期很长，常常是几个星期甚至几个月都过去了，而人们还焦急地等待着试验结果。如果想对这种疾病获得更多的了解，看来得寻找另外的方法进行实验。随着观察病例的不断增加，巴斯德越来越相信，狂犬病发病的部位在神经系统，特别是在延髓中。巴斯德认为，只要病毒尚未深入到神经中枢，就会在身体的其他部位停留几星期或几个月之久，这就解释了某些情况下潜伏期较长的原因，也解释了某些人被狂犬咬后能幸免于难的原因。精辟的理论仍需实验来进行检验，于是又开始了一次轰轰烈烈的实验。

有一只狂犬，死后尸体解剖表明并没有特殊的病变，于是实验人员就打开它的脑壳，用热玻璃棒烫擦延髓表面以清除表面的灰尘和脏东西。然后，用一根事先经火焰消毒的长管子吸取一点延髓，放在经200℃消毒的玻璃瓶内，加上少许清水或无菌肉汁，用事先经火焰消毒的玻璃棒搅拌。等候接种的狗或兔子早躺在手术台上，接种用的注射器也在沸水中消过毒。

接受这一皮下接种的动物，大都得了狂犬病，用这种含毒物质接种比用唾液更为成功。这真是一项很大的成果。因此，巴斯德确认：狂犬病毒存在的部位并不只在唾液中，病狗脑中所含病毒的毒性至少与唾液中的程度相当。这样，巴斯德找到了病毒所在的部位。

（三）寻找抵抗狂犬病的办法

巴斯德非常清楚自己下一步的工作是：他必须使所有的接种动物都感染上狂犬病，而潜伏期应该缩短。巴斯德突然想到，一开始就把病毒接种在真正的培养基里，然后再感染狂犬病就更有把握，而潜伏期也有可能缩短，这真正的培养基就是狗脑表层。于是他尝试了下面的实验：将一只用氯仿麻醉的狗绑在手术台上（巴斯德害怕看到不必要的痛苦，总是坚持使用麻醉剂），用环锯（一种类似线锯的手术器械）揭去一小块圆形的颅骨后，露出了硬硬的叫做脑膜的纤维膜，于是就注射上少量事先准备好的病毒，伤口用苯酚洗净后缝合。这一切只用了几分钟的工夫。狗恢复知觉后看上去健康正常。但是，14 天后出现了狂犬病的症状。就这样，一种迅速而有效地感染狂犬病的方法找到了。然而，还有其他的问题仍未解决。到此巴斯德还未发现狂犬病毒这种微生物，因此也就无法使用至今一直在使用的方法，即把狂犬病病毒分离出来，在人工培养基里加以培养的方法。毫无疑问，存在着这种微生物，也许它太小了，我们用肉眼无法看到它。巴斯德想，既然这一尚不清楚的微生物是有生命的，我们就一定能把它培养出来，如果用人工培养基不管用，我们就用活兔的脑来培养，这的确成为了科学家实验的又一创举！

进行环锯术后接种的兔子瘫痪后死了，接着就用少量的含有狂犬病毒的死兔的延髓接种在另一只兔子上；一次接一次接种，潜伏期也越来越短，经过一百次连续接种后，潜伏期缩短到 7 天。到了这一程度，病毒就稳定下来了，毒力比偶然被狂犬咬后发病的狗的病毒大。巴斯德终于掌握了这一方法。现在，他可以准确地预言每只接种的动物确切死亡的时间。

但是，以确切可靠的接种和潜伏期缩短为标志的巨大进展，并没有使巴斯德得到满足，他现在希望能减低病毒的毒力。一旦获得了减毒病毒，就可以使狗具有抵御狂犬病的能力。巴斯德从一只刚用这种稳定的病毒接种而死于狂犬病的兔子脑中取出一小块延髓，把这块延髓用线吊在消毒过的瓶子里，瓶底放置几块氢氧化钾以脱去空气中的水分，瓶口则用棉球塞住以防大气中的尘埃进入瓶内。进行这一干燥过程的房间，其温度保持在 23℃。延髓逐渐干燥，毒力逐渐减弱，到了第 14 天，毒力完全消失。于是，就把这块没有毒力的延髓敲碎，掺上纯水，给几头狗作皮下接种。第二天就用放置了13天的延髓接种，以此类推，使用毒力不断增大的延髓，最后使用了当天病死的兔子延髓。这些接过种的狗与狂犬关在一起任其乱咬几分钟，或是用狂犬病毒作颅内接种，结果都没有发病。这样，巴斯德终于在经过大量的研究之后，获得了抵抗狂犬病的办法。

这些接过种的狗与狂犬在一起任其乱咬几分钟……结果都没有发病

（四）伟大的医学奇迹

狂犬病这一课题可以追溯到遥远的古代。荷马史诗中就有一个勇士称赫克托为疯狗。在希波克拉底的著作中也模糊地提到狂犬病一事。几百年后，出了个塞尔萨斯，他对这种当时还没人知道而且也没人重视的疾病作了描述，"患这种病的人，遭受着双重折磨：口渴难忍而见到水极其厌恶"。他建议人们用烧红的烙铁灼烧伤处，并且使用各种腐蚀剂。后来，民间流传着很多种治疗狂犬病的偏方，数不胜数的治疗法都试过了，还是没有取得丝毫进展。除了塞尔萨斯提出的烧烙法外，并没有找到好一点儿的办法。由于狂犬病的潜伏期很长，人们希望能找到一些治疗方法以代替那些痛苦的灼烧法。

1885 年 3 月，巴斯德在找到了抵抗狂犬病的办法后，成功地对狗进行了预防接种，也就是说，可以使它们在被狂犬咬伤后获得免疫力。但是，他还没敢在被狂犬咬伤的人的身上进行试验。1885 年 7 月 6 日，一个阿尔萨斯的小男孩由母亲领着走进巴斯德的实验室。孩子才 9 岁，名叫约瑟夫·梅斯特，两天前在施莱斯塔特附近的梅桑戈特被疯狗咬伤。当时孩子独自一人沿小路上学去，路上被一只凶猛的狂犬扑倒在地，孩子太小，不能自卫，只知道用双手捂住脸。远处一个瓦匠见状急忙赶来，用铁棒赶走疯狗，抱起鲜血淋漓、满身是伤的孩子。

孩子的伤口有 14 处之多，剧烈的伤痛使孩子无力行走。巴斯德见了大惊，该怎么治疗这个孩子呢？能不能冒险使用在狗身上一直灵验的预防治疗法呢？希望与疑虑在巴斯德心中展开了斗争。巴斯德没有立即作出决定。他首先妥妥帖帖地安顿了在巴黎举目无亲的可怜的母子俩，约定在 5 点钟学院会议散会后诊治。巴斯德在与许多学院的有关专家商定后，一致认为：给小梅斯特进行预防治疗法是把孩子从死神手中夺回的唯一办法，也是义不容辞的责任。

晚上，巴斯德给小梅斯特作了检查，见伤口那么多，有些伤口，特别是有一只手上的伤口那么深，他立即决定进行第一次接种。选用的注射剂已放置了 14 天，毒力已消失，以后再逐渐加强注射剂的毒力。

这一手术很简单，只是用注射器在身体侧部注射几滴小块延髓制成的液体。小梅斯特一见要打针就大哭大闹，可是当他发现自己要遭的罪只不过是被这么轻轻地扎一下，很快就把眼泪擦干了。

巴斯德在古老的罗兰学院里替母子俩妥帖地安排了一间卧室，孩子见了各种各样的动物，又有鸡，又有兔，还有小白鼠，十分快活；他向巴斯德要了几只小动物玩，巴斯德立即满足了他的要求。孩子的一切表现都很正常，觉睡得很香，食欲很好，注射剂一天天被神经系统全部吸收，而没有发生什么特异反应。

在这场从死神手中夺回孩子的搏斗中，巴斯德经历了一连串的希望、忧虑、痛苦和渴望的折磨，他无法再工作下去了。巴斯德曾保证：这一最为可怕的疾病将得到征服，人类将从这一可怕的疾病中拯救出来。但是，他还是担心着这个小家伙的生命安全，因为这是一条可爱的小生命。

治疗持续了10天，小梅斯特作了12次接种。7月16日上午11时，巴斯德使用了只放置1天的延髓，这次接种是考验这一治疗法的免疫力的可靠办法。小梅斯特愉快地接受了最后一次接种。晚上，要求自己称为"亲爱的巴斯德先生"吻他一下就上床安安静静地睡着了。可是，那天晚上巴斯德却彻夜未能入睡。

疗程完毕后，巴斯德把小梅斯特交给格朗歇医生护理，他需要休息几天。这几天，巴斯德与女儿一起在一个幽静的、几乎是人迹罕至的勃

孩子一切正常，从被咬之日起到现在已满31天了……就这样巴斯德凭着不懈的努力，找到了防治狂犬病的方法

艮第乡间度过。然而，纵然身处秀丽而宁静的佳景中，巴斯德也没有觉得轻松多少。他时刻都期待着小梅斯特的好消息的到来。1885 年 8 月 3 日，他接到格朗歇医生的电报：孩子一切正常，从被咬之日起到现在已经满 31 天了。巴斯德怀着巨大的希望，盼望自己能作出结论的日子终于到了。就这样，巴斯德凭着不懈的努力，找到了防治狂犬病的方法，解决了几个世纪来人们一直想方设法解决的问题。狂犬病的成功防治是 19 世纪最伟大的医学奇迹，是医学史上不朽的丰碑。

七、科学的圣殿

巴斯德的一生都致力于对细菌、病毒等微生物方面的研究。在他的一生中，不知他为人类做了多少有益的工作，而且这些对于人类历史几乎都是开创性的。他用科学的事实推翻了"自生法"，他提出了著名的"微生物致病"学说（即病源说），奠定了现代医学微生物学的基础。他战胜了炭疽病、鸡霍乱和狂犬病，为成千上万的人解除了灾难和痛苦……总之，这位伟大的科学家自始至终都把自己的发现造福于人类——用于生产，创造了大量的物质财富；用于医学，拯救了亿万生灵。

为了表彰巴斯德的伟大功绩，法国人民通过自发的募捐，建立了以他的名字命名的科学圣殿——巴斯德研究所。1888 年 11 月 14 日，巴黎为巴斯德研究所的正式落成举行了盛大的庆典仪式。会上，巴斯德的儿子代读了他的发言："……在花了那么多力气以后，最终你必定会得到明确的结果。此时，你将会感到人类灵魂所能体验到的最大快乐，而当你想到自己为祖国争得了一份荣誉之时，你的快乐将更为加深。"这段讲话体现了巴斯德将毕生奉献给人民、奉献给科学的崇高精神。

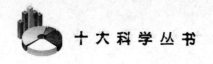
光谱是怎样形成的

——光的色散实验

　　我们生活的这个世界色彩斑斓，但五颜六色是从哪里来的？自古以来人们就一直在思索这个问题。古希腊大学者亚里士多德认为，各种不同的颜色是由于照射到物体上的亮光和暗光按不同比例混合所造成的。中世纪时，随着显微镜的发明，掀起了一个"玩光"的热潮。人们利用各种光学元件观察五花八门的光学现象。你看，凸透镜能将小字放大；凹透镜能使大字缩小；三棱镜更是好玩，一束太阳光经过它折射后，会形成一条色带，按红、橙、黄、绿、青、蓝、紫的顺序排列。奇怪！白色的光通过三棱镜后为什么会变成七彩色带了？英国年轻的科学家牛顿亲手制作了两个光学质量很好的三棱镜，并设计了一个"判决性实验"，来判定太阳光谱的形成原因。

一、光的自然色散

（一）认识彩虹

　　关于颜色，很早以前人们就已经发现并开始研究它了。古希腊的亚里士多德认为它是人们的主观感觉所造成的，所有颜色都是光明与黑暗、白与黑按比例混合的结果。17世纪前的欧洲，一直流行着这种看法。人们有了颜色的初步概念以后，又发现颜色不仅一种，不同的颜色引起人的视觉感应也不同。那个时期，人们对多种复杂颜色的最初感性认识是从虹开始的。在田间从事生产劳动的人们常常发现，每当雨过天晴的时候，在太阳和云雾共存的天空中，背着太阳的云气中呈现出一道绚丽多彩的光环，这光环是由五种颜色组成的。这一美丽的自然景观引起了人们的极大关注和兴趣，人们开始研究这一有趣而又奇妙的现象。把这美丽多彩的光环叫做虹。

劳动人民在长期的生产劳动中进行了大量观察研究，最后，人们发现……它总是出现在和太阳相对的方向

虹到底是什么？它是怎样形成的呢？劳动人民在长期的生产劳动中进行了大量的观察研究，最后，人们发现，虹不是在任何时候，天空中的任何位置都能出现，它总是出现在和太阳相对方向的云气中，没有云就不会见到虹，在没有太阳的阴沉天气中也不会见到虹。这是人们早期

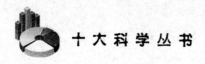

对虹的出现条件，以及虹所出现的位置规律的初步认识和掌握。到了唐代，对虹这一自然现象的成因有了比较科学的解释。人们通过对虹的观察看到了五颜六色的现象，这是最早的颜色感观。

（二）人工造虹

中国古代劳动人民不仅大体上认识了虹的成因，而且在长期的生产实践中，他们发现用实验的方法能产生霓虹现象，这就是人工造虹。公元8世纪中叶，那时候民间有一位名叫张志和的读书人，他善于开动脑筋，遇事总要琢磨个究竟，对一切新奇的现象都很感兴趣。最早一次人工造虹的成功是在一个大雨过后的晴朗的天气中，他站在院中望着天边的彩虹，他想，既然太阳照射雨滴就能产生虹，那么用水滴代替雨滴也应该能产生相同的现象。他在这突发奇想的驱使下，进行了一个人工造虹的实验。他对着阳光喷射水滴，起初，他迎着阳光做这种试验，结果没有发现产生光环。于是他调整自己的观察角度，经过多次多角度的调整，最后发现，如果背着阳光喷水就能看到空气中所出现的五颜六色的光环，当他看到这一和阳光照射雨滴后产生的光环一样的景观时，他高兴极了，马上回房提笔做了记录，记下了这一景观产生的过程。这是史料记载的我国古代劳动人民第一次用实验的方法研究虹。

（三）其他的色散现象

人们认识了虹的成因，又有了人工造虹的经验，于是就把它推而广之，当人们看到瀑布下泄水珠四溅，他们就仔细观察，结果发现，瀑布下溅出的水滴经日光照射后，也能形成七彩的霓虹。唐代诗人张九龄《湖口望庐山瀑布》中就有"日照霓虹似"的诗句。这样，人们就把日光照射云气中的水滴群，同飞泉周围的水滴群所产生的色散现象联系起来了。

除了对雨虹及其他色散现象的记述和模拟实验外，人们还发现了晶体分光和羽毛的衍射色彩。公元684年~706年，传说安乐公主用百鸟的羽毛编织出两条裙子，这种美丽的裙子从正面看是一种颜色，从旁边看又是一种颜色，在日光中看和在镜子中看都能形成不同的颜色。这种用百鸟的羽毛编织出的美丽的裙子也是一种光的色散作用的应用。

到了宋代，人们就能对单个水滴的色散现象进行研究了。雨过天晴的时候，落在树叶花草之上的露珠还没有蒸发，在树叶草木的末端水珠欲落未落都聚成圆形，晶莹欲滴，非常惹人喜欢，经日光照射后，便呈现五彩的霓虹，其颜色斑斓闪烁，用手挡住阳光，颜色便消失。人们通过长期观察已经意识到，这些颜色不是水珠本身所具有，而是日光中含有多种颜色，经过水珠的作用可以显示出来。可以说，宋代人们的观察分析，已经接触到了色散的本质问题。

除此之外，我国古代人民还发现了天然晶体的色散现象。他们发现，日光经过晶体折射后，光似琥珀，琥珀呈红、黄、褐各种颜色。以上这些所有的色散现象都是自然界自身展示给人们的景观，人们对色散现象的研究也只停留在现象本身。在欧洲，有意识地研究色散现象是从16世纪开始的，人们借助于棱镜这种光学仪器，开始进行了大量的色散实验，以解释色散现象的本质。在这大规模的色散现象的研究中，进行得最深入而且最早做出科学解释的是牛顿。

二、与众不同的牛顿

（一）生逢变革的时代

在物理学史中，最有名的年度之一便是公元1642年。这一年，意大利物理学家伽利略溘然长逝，而在英格兰东部的一个小村落里，伊萨克·牛顿呱呱降生。牛顿的诞生之日——12月25日，虽然恰好是圣诞节，可是英王查理一世与国会开仗的炮声却震撼着整个英伦三岛，英国

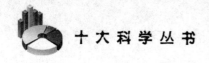

革命进入了国内战争的阶段。

随着资产阶级登上历史舞台和资本主义生产的兴起，科学也以神奇的速度发展起来。17世纪初，望远镜、显微镜相继发明，光学折射定律，人体血液循环的发现，都表明当时自然科学取得了新的进展。自然科学的力量开始受到重视，英国的哲学家弗兰西斯·培根提出了"知识就是力量"这一名言。随之而来的是在英国出现了有利的学术环境。热心自然科学的人数迅速增加，学会、学院相继成立。学会的问世及其科学刊物的发行，都成了当时科学家交流学术，启发思想，共同提高的极好形式，有力地促进了当时自然科学的迅速发展。

牛顿正是处于这样一个自然科学和学术环境发生重大变革的时代，他很快顺应了时代的潮流，受到这个时期的各方面熏陶，因而显得与众不同。

（二）沉思默想和好奇心

牛顿的父亲是一个普通的并不富裕的农民，靠着祖传下来的地产，以耕种谋生。婚后不久，他在一场急性肺炎的袭击下于牛顿出生前便去世了，牛顿成了不足月的遗腹子。他是那样的脆弱瘦小，他母亲说，一夸特（约一升）的杯子就装得下他。微微的气息，嘤嘤的啼声，牛顿的幼小生命是那么弱不禁风，他的母亲无论如何也想不到，就是这个可怜的孩子——伊萨克·牛顿竟活到85岁的高龄，而且是世界上与众不同的出类拔萃的科学家。

牛顿在小学读书时，他的资质一般，学习成绩较差，常被列入劣等。但是与众不同的是，他喜欢沉思默想，对许多事物都感到新鲜好奇，乐于去观察体验。有一天，牛顿突然注意到，早晨上学时，他自己的影子在左边，晚上放学回家时，他的影子却转移到另一边去了。太阳光下的人影会随着时间的改变而移动，这可太有意思了。这一现象启发了牛顿去做了一个日晷——一种利用测日影来确定时刻的器具。这个日晷的圆盘边缘有刻度，中间竖一根小棍，从小棍的影子所指的刻度，就可以知道几点几分钟。沉思默想的牛顿把这个日晷做好后，安放在村子中央，给村民们指示着时间。后来村民们怀着敬意称它为"牛顿钟"。

这一现象启发了牛顿去做了一个日晷——一种利用测日影来确定时刻的器具

不仅如此，牛顿在小学的时候，还自己琢磨着造出一架"计时水钟"。这是一个灌满水的小木桶，木桶的底下有一个小孔，用塞子紧紧塞住，打开小孔的塞子，让水一滴一滴地缓缓滴下。木桶里的水面逐渐下降，水面的浮标也随着慢慢下降，并带着指针在均匀的刻度盘上一点点地移动，从而指示着各个时刻。当桶里的水滴尽的时候，恰恰就是中午的时刻。牛顿创造的这个装置虽然被看做是孩童的小玩意，但它却体现了牛顿的好奇心和灵巧的制作。人们对小牛顿善于开动脑筋的好奇心都称赞不已。

（三）格兰瑟姆的高材生

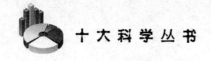

　　牛顿 12 岁那年，进了格兰瑟姆中学。到中学后，牛顿依然保持自己的兴趣不变，他继续发展了对手工制作和机械方面的爱好。他经常独自一人钻在自己的小屋子里，制作各种各样的小玩艺。最成功的制作是风筝，他给班级的同学每人做了一个风筝，他做的风筝，不仅外形美观好看，而且在拉线的力点和尾巴的重量上都很有讲究，因而他做的风筝起飞得特别快而且飞得也高。这体现了牛顿在力学方面的天才素质。有一次，他把一只纸灯笼点着火，系在他的风筝尾巴上，夜里把它放到高高的天空，就好像一颗巨星升在空中。村民们竞相观看，都很惊奇和恐惧，他们认为这是一颗新出现的扫帚星。这时牛顿跑过来告诉他们，这不是什么扫帚星，是他的风筝！人们才放下心来。当人们得知这是牛顿搞的名堂后，又禁不住交口称赞这孩子的发明创造本领。

　　在格兰瑟姆镇上有一座高大的风车，人们安装它是为了利用风力来磨面粉。牛顿从学校放学回来路过这里，当他看到这东西的时候，就禁不住地仰着脖子用心地观察风车的转动。边看边琢磨，最后他终于弄懂了风车的工作原理。回家后他也照葫芦画瓢地做了一架小风车，风一吹，叶片转动，加一点儿麦粒进去就能像大风车一样磨出面粉来。可是，风车没有风就不能转动，这不好，太不方便了，于是牛顿又想出了新招，他用铁丝做了一个圆笼子，里面关着一只老鼠，当老鼠踩动轮子时，磨就飞快地转动，居然也能磨出面粉来。

　　有一天，牛顿把自己的小风车拿到学校去给同学们看，一下子吸引了好多学生。正当同学们议论纷纷的时候，一个学习成绩一向很好但十分骄傲的学生跑过来，他一边盛气凌人地夺过小风车摔在地上，一边又用语言加以讥讽，带头起哄。这使牛顿气愤到了极点，与那个同学厮打了起来，这个平日里沉默寡言的牛顿，把那个优等生打得落花流水。从此，牛顿暗暗下定决心，发愤图强，不久，牛顿的学习成绩就在全班名列前茅。

1661 年 6 月，牛顿以优异的成绩考入了剑桥大学三一学院。格兰瑟姆中学的校长斯托克斯先生深知，牛顿是一个难得的天才，他向剑桥大学输送了一名很有希望、很有前途的学生。为此，斯托克斯先生特别召开全体学生大会表彰牛顿，他以父亲般的骄傲把他心爱的学生列为学校的高材生，他眼中闪动着泪花，赞扬牛顿的性格和特殊的才华。

三、揭开光谱的秘密

（一）简单的光学常识

光与人们的生活和生产极为密切，它能引起人们的视觉，人们就是借助光来观察世界，从事各种各样的重要工作的，而光又是人们通常用到的一种最普遍的自然现象，因此光的作用是非常大的。光既然这么重要，那么少年朋友们，你们知道光是怎样产生的，它又有哪些性质呢？

我们知道有许多物体，像太阳、电灯、火炬、萤火虫等，它们都能自己发出光来，在物理学上，我们把这种自己能发光的物体称为光源。生活在远古的人类祖先，是以太阳为光源的，到了黑夜就无能为力了。黑暗给人以可怕可恶的感觉。经过漫长的岁月，人们发现火也能提供光和热，开始时，人们使用天然火，后来，人们学会了利用竹、松脂等制成火炬来作为人造光源。用油灯作为光源的历史在中国也是很悠久的。蜡烛作为光源是后来中国人发明的，战国时期，人们已经知道用纤维或竹心外裹着层层蜜蜡制成了一种叫"蜜烛"的蜡烛。据分析，墨家做光学实验时，用的就是这种蜜烛。直到近代光源——电灯发明以前，在很长时间里，以不同形式出现的火，一直是人们唯一可用的人工光源。通过对光的长期观察，人们发现，只有借助光源发出的光才能引起人们的视觉。

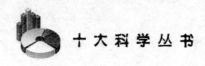
有了光源，就能产生光，光是一种奇特而又重要的物质，它有很重要的性质。远在公元前 4 世纪，墨翟和他的弟子们做了世界上最早的针孔成像实验，这个实验的结果告诉我们：光照在人身上就像射来的箭一样，是沿直线进行的，而不走曲线。从人体下部射出来的光线，射到屏幕的高处；从人体上部射出来的光线，射到屏幕的低处。从脚部射向低处的光线被针孔所在的屏壁遮蔽，因此脚部成像于屏幕的高部位；从头部射向高处的光线，被屏壁遮蔽了，因此头部成像于屏幕的低部位。人所在的位置离小孔由远而近，则屏幕上的像由小变大。由于从人体射出并穿过小孔投到屏幕上的一切光线都在小孔处交于一点，所以屏幕上的像是倒立的。这是光的直线传播的最早科学解释，也是世界上对小孔成倒像的第一次实验验证。远在公元前 4 世纪，墨家就知道用小孔成像的实验来验证光的直线传播特性，实在是一种惊人的科学创举。

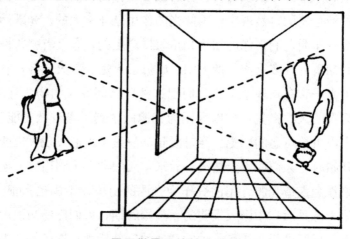

墨子做最早的针孔实验

光是沿直线传播的，但是在前进的方向上遇到不透明的物体时，就会改变路径被反弹回来，这种现象就叫光的反射，这种不透明的物体叫镜子。光线不能穿透镜子，镜面成像就是光线反射的结果。我们知道，只要对着光滑的平面就可以照见自己的形象，人们最初是利用静止的水面作为光的反射面，当做镜子使用，从水中看到自己的形象，进行整理梳洗，这些都是光的反射作用给人们带来的方便。那么，光的路径的改变是不是就这一种方法呢？不是的，光还有一种改变传播路径的方法，叫折射。

光在某种物质中能被弯曲，可见光能穿透它们，这种物质我们统一叫做透明物质。关于光能穿过透明体的折射现象，中国古代人民早有所知，有史料记载说"削冰令圆，向日取火"，历代都被人们所怀疑。冰在太阳光下，遇热会融化，怎么可能将光线聚集起来进行点火取暖呢？清代科学家郑光复曾经做过实验进行验证。他用一底部微凹的锅壶，里面装上沸水，将壶放在冰上转动，制成一块表面光滑的凸透镜。把它放在强烈的阳光下，果然能把放在冰透镜后面焦点处的纸煤点燃。这个实验实际上是很难成功的，但是，2000年前的中国古代人们就已成功地做出这样的实验，真可以说是巧夺天工的发明创造。据说17世纪著名英国科学家胡克也曾经做过这个实验，当时的科学家们对他赞叹不已，可是，他们哪里知道，早在一千多年前中国人就成功地做过这样的实验。由于用冰做成的透镜不会长久，所以就没有什么使用价值。这个实验是光的折射现象的很好说明，当光线照射到冰（透明物体）上时，就要改变传播路线，发生折射，折射后的光线要通过焦点，所有的光线经冰折射后都会聚集到焦点上，所以这点的温度迅速升高，以致可以点燃物质。

有了这些基本的光学知识，人们就可以对光进行深入的研究了。伟大的科学家牛顿，就是光学领域中的伟大研究者，单凭他在光学方面的贡献，就完全可以成为科学史上的伟大人物，他在光学方面的主要贡献是对颜色的研究。在牛顿所处的时代，由于实验科学的发展，推动了人们对光的研究。

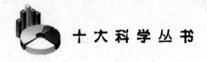
（二）研究颜色

有一天，牛顿取来一块长纸板，一半涂成鲜红色，另一半涂成蓝色，然后把它放在窗户边，通过一块玻璃三棱镜来观察纸板。他发现，如果把玻璃棱镜的棱角朝上，使纸板由于折射看起来像是被抬高了，那么折射的结果将使蓝色半边比红色半边抬得更高。他把棱镜反倒过来，让折射棱角朝下，使纸板由于折射看起来被放低时，蓝的半边就比红的半边降得更低了。因此，牛顿断定蓝光折射比红光厉害些，也就是说不同的颜色具有不同的折射率。

这个设想是否正确呢？为了证实它，牛顿又做了一个实验。他拿来一张纸，一半涂上蓝色，一半涂上红色，用蜡烛做光源，经透镜在另一张纸上成像。结果却发现，无法使涂色纸片的两边同时呈现清晰的像，蓝色半边的像要在离透镜更近的地方才能看清楚。这说明，被蜡烛照射的红蓝纸片所发出的红蓝光经透镜后聚焦在离透镜不同距离的地方。这就是透镜成像的色差。这种现象的发生是因为红蓝光具有不同的折射率所造成的。

（三）判决性实验

1666 年，年轻的科学家牛顿亲手制作了两个光学质量很好的三棱镜，并设计了一个"判决性实验"，来判定太阳光谱的形成原因。牛顿将两个棱镜隔开一段距离放置，在它们中间放置一个屏幕，屏幕中间开有一条垂直的狭缝。他再将房间的百叶窗放下，房内顿时漆黑一片，牛顿事先在百叶窗上开有一个小孔，这时外面的阳光透过这个小孔射向第一个棱镜，牛顿预想将会像小孔成像一样，在屏上会看到圆形的太阳的像。然而，结果却相反，在屏上看到的却是被拉长了的太阳的像，并且形成了一条光彩夺目的彩带。彩带的顶部是蓝色，底部为淡红色。牛顿感到这很有趣，他又将第一个棱镜转动了几次，使彩带的 7 条光线依次投到狭缝上。这样，7 种不同颜色的光又通过狭缝投射到第二个棱镜

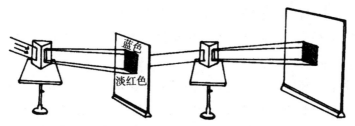

牛顿将两个棱镜隔开一段距离放置，在它们中间放置一个屏幕……

上。牛顿发现，在第一个棱镜上折射得很厉害的蓝光，也在第二个棱镜上得到最大的折射。原来，太阳的像被拉长是由于光不是均匀的，而是由不同类型的光线组成的，其中的一些比另一些更容易被折射的缘故。而且各种彩色光透过第二个棱镜折射后虽然各自的折射角更大，但却不再展现出彩色带，而只显示各自的颜色。牛顿将白光分解成各种色光的现象称为色散，将白光分解后形成的彩带称为光谱。

牛顿对这个实验结果非常感兴趣，他仔细分析了实验现象，他想，光谱的形成到底是什么原因呢？当时，人们对光谱的解释多种多样，在众多的解释中最权威的是：从太阳表面不同点发出的光进入棱镜时的角度各不相同，这造成了三棱镜对这些光线折射的不同，结果就形成不同的颜色。年轻的科学家牛顿并不迷信权威的说法，他说，如果造成光谱是由于光在入射时的角度不同，导致棱镜对它的折射不同，那么，各种色光从狭缝入射到第二个棱镜时的入射角也不同，理应由于折射的不同再造成一次色散而形成新的光谱。实验结果却对这种推论"宣判"了死刑。究竟怎样来解释太阳光（白光）通过三棱镜后形成的光谱现象呢？

经过一段时间的思考，牛顿提出了这样的解释：白光是由折射能力各不相同的色光混合而成的，当白光透过棱镜时，由于各种色光的折射能力不同，于是"各奔东西"，造成了这些色光彼此远离而形成一条七色彩带。对于其中的一种色光来讲，由于它已经是单一成分了，即使再通过棱镜也不会造成色散，而"依然保持本色"，只不过在第二次透过棱镜后，折射将更厉害一些罢了。

判决了旧理论的死刑，又怎样来证实新理论的新生呢？为此，牛顿又做了一个"支持性实验"。他在上述实验装置上作了一些变动：撤走了第二个棱镜和屏幕，在屏幕位置上放了一只很大的凸透镜，牛顿让经过第一个棱镜色散后的光谱投射到凸透镜上，结果，所有7种颜色的光经过凸透镜后就会聚成一束白光了！由此，它直观地显示出，白光是由这些色光混合而成的。

"白光是由各种色光混合而成的"，这是一个重大的发现。牛顿的实验与结论使人们对颜色的认识的主观成分大大地减少了。他还成功地解释了虹的成因。牛顿认为，在天空中一边有阳光照射，另一边乌云密布的时候，彩虹就将出现。这是因为彩虹的颜色实际上是被云中或下落的细小水滴所反射的阳光的分解。阳光照射在水滴上，进入水滴发生折射，接着在水滴的另一面发生全反射后，再从前表面折射出来，结果不同色光在离开水滴后就呈扇形散开。因此，地面上的观察者若是背向太阳，就会看到弧状的彩虹。

四、进一步探讨后的发现

（一）反射式望远镜

眼是人的五大感官之一。人类通过视觉观察和认识自然界比用其他感官更直接，更富有色彩。光学仪器的产生，使人类的视野更加扩展，它帮助人们克服视觉器官的局限性，大大丰富了感性认识的内容，在广度和深度上大大地增强了人类的认识能力，使感性认识更加精细。

就在研究颜色理论的过程中，牛顿对改进折射望远镜发生了兴趣。在牛顿所处的时代，最好的折射望远镜可以目测到土星的神秘形状的变化，但是望远镜的色差严重影响着观测的精确性。所谓色差是指星球发出的白光经过望远镜时，由于组成白光的各种色光的折射率不同，结果造成星球上的像的模糊，在像的边缘总有一圈颜色。在牛顿之前的许多科学家，都绞尽脑汁想办法去掉这讨厌的色差，但由于缺乏理论根据，最后谁也没有成功。在牛顿提出了白光形成的新理论后，他马上把这一理论运用到改进望远镜上。经过多次实验研究，从光的反射与光的颜色无关出发，他于1668年制成了反射式望远镜，这台望远镜是一个大口径的旋转抛物面反射镜，它将天体成的像作为平面反射镜的虚构物，平面反射镜成的实像再经短焦距的目镜放大，供人观察。

反射式望远镜有效地避免了色差，成像清晰，又由于它的物镜口径较大，所以它的分辨本领较高，可以进一步看清天体的形态，用这种望远镜也可观察到了木星的卫星和金星蚀等。1671年，牛顿又制成了一台更大型的反射望远镜，他把这台花费了很多心血的望远镜献给了英国

牛顿反射式望远镜

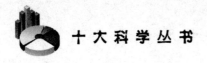

皇家学会，得到了极高的评价。

（二）牛顿环的发现

颜色理论作为牛顿发表的第一项科学成就，并没有得到一致的赞同。当时公认的杰出光学家惠更斯就曾怀疑过运用这种理论能否解释所有的颜色现象。自然哲学教授帕底误解了它的大部分内容以致看不到它的价值。而自居皇家学会要位的胡克的评论更令人失望，他只是称这种理论为一种"假说"，并指出这种"假说"在解释薄板的颜色这个问题上所存在的缺点。

为了回答胡克提出的问题，牛顿又做了一系列实验，在实验过程中，他又发现了牛顿环现象。

牛顿取来两块玻璃镜，一块是 4.27 米望远镜用的平凸透镜，另一块是 15.24 米望远镜用的大型双凸透镜，在双凸透镜上放上平凸透镜，让它的平面朝下，然后慢慢地把它们压紧，接触点的周围就形成一组明暗相间的同心圆环。压力渐渐增大，圆环的中心陆续出现各种颜色，然后再把上面的玻璃慢慢抬起，使之离开下面的玻璃体，于是这些颜色又在圆环中心相继消失。在压紧玻璃体时，在别的颜色中心最后出现的颜色，初次出现时看起来像是一个从周边到中心几乎均匀的色环；再压紧玻璃体时，这色环会逐渐变宽，直到新的颜色在其中心出现，而它就成为包在新色环周围的色环；再进一步压紧玻璃体时，这个环的直径会不断增大，而其周边的宽度会减少，直到另一种新的颜色在最后一个色环的中心现出……如此继续下去，第三、第四、第五种以及随后不断在中心现出的别种颜色，并成为包在最内层颜色外面的一组色环，最后的一种颜色是黑色的圆点。反之，若是抬起上面的玻璃镜，使其离开下面的透镜，色环的直径就会缩小，其周边宽度则增大，直到它的颜色陆续到达中心，后来它们的宽度变得相当大，这样就更容易认出和识别出它们各自的颜色了。在透镜接触点处所形成的透明中心点之后，接着出现的是蓝色、白色、黄色和红色，其中蓝色比较暗淡。紧接着包在这些色环外面的色环的颜色次序是紫色、蓝色、绿色、黄色和红色，只是绿色的量很少，似乎比其他颜色显得模糊暗淡得多。第三组色环的顺序是紫、蓝、绿、黄和红色。在此以后，是由红色和绿色所组成的第四组色环，以后的各组色环越来越变得模糊不清了，到三轮以后，它们终于成为一片白色了。

牛顿不仅在如此周密的观察基础上作了详尽的定性描述，而且进一步作了仔细的定量计算，得出亮环的半径的平方是由奇数所构成的算术极数，暗环的半径的平方是由偶数所构成的算术级数。利用牛顿的这一结论，在知道了凸透镜的半径后，就可以算出暗环和亮环出现地点的空气层厚度。在牛顿的实验装置下，空气层厚度从接触点向外连续增大，所以会看到交替出现的暗环和亮环。因为不同颜色的光对应于不同的波长，所以不同颜色的亮环半径也就略有不同，结果就会看到类似彩虹一样的色环了。

五、勤奋出天才

牛顿是一位杰出的科学家，他成功地进行了把白光分解为光谱色的实验和揭示了颜色之谜，奠定了近代光学的基础。他的伟大还远不在此，他完成了经典力学体系而奠定了近代物理学的基础；他由于确定了万有引力定律而奠定了近代天文学的基础；他还发明了微积分而为高等数学奠定了基础。牛顿作出了如此众多的开创科学新时代的重大发现，在人类发展科学知识的征途中，建立了永垂万世的功勋。

牛顿为什么会有这样杰出的科学成就呢？也许有人认为这完全是因为牛顿天资聪明、才能出众，但牛顿自己并不同意这种看法，他说：

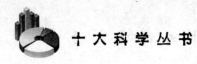

"我只是对一件事情很长时间，很热心地去考虑罢了！"这句话是很有道理的，我们并不否认天赋的作用，也不回避牛顿在青年时代已与众不同，可是勤奋地学习，废寝忘食地工作，专心致志地长时间思考，这种后天的实践，才是他成功的主要原因。

少年时代的牛顿并不太聪明，在学校里常常遭人冷眼，学习成绩低劣。但在为此而受人侮辱后，牛顿决心甩掉"劣等生"的帽子，开始发奋读书。牛顿是"勤奋"两字的最好实践者，他深明勤奋的意义和价值，他更为后人留下了勤奋的记录和榜样。牛顿孜孜不倦，顽强坚韧所取得的成功，正是他勤奋工作的写照。

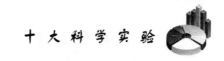

燃素说的兴衰

——燃烧实验

人类对各种自然现象的认识，都有一部曲折发展的历史。拿我们日常生活中经常用到的火来说，人们对它的认识，从北京猿人使用野火到今天，已经有 5000 万年以上的历史。在认识火和燃烧现象的漫长征途上，充满了许许多多的风浪和波折。回顾这个历史，我们可以看到，人类对事物的认识是怎样在错综复杂的矛盾和斗争中辩证地发展的。

一、什么是火，什么是燃烧？

火是一种常见的自然现象。我们都见过枯槁的野草和树枝着火的情景，可是在自然界里会着火的又岂止草木。火山爆发时，熔岩滚滚；鼓风炉里，烈焰翻腾，这些都是坚硬无比的石头在燃烧。就是钢筋铁骨，也不免会被猛火烧成灰渣。就连太空中炎炎的烈日，又何尝不是一个燃烧着的大火球。

关于火，古代流传着许多神话和传说。在古希腊的神话中，据说人间的火是天神普罗米修斯冒着触犯天规的危险从天上偷到人间来的。在我国古代，人们则传说，火是一个叫燧人氏的人发明的。古代劳动人民

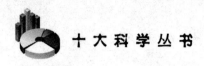

通过对幻想中的驯火英雄的崇敬来表达他们要求征服自然的美好愿望。同时，这些神话和传说也十分自然地留下了我们先辈对自然界缺乏认识的痕迹。他们虽然已经通过用火感受到了火的光明和温暖。但在他们看来，火还是那么不可理解，是一种神秘莫测的东西。所以，在他们心目中，能驯服火的只有神仙或圣人。

当然，在古代，由于生产力水平低下，人们的认识还很难正确地反映自然界，火终究不是神，也没有什么赐火予人的神仙或圣人。

什么是火，当火成为人们生活和生产不可缺少的东西的时候，人们就十分自然地把火看成是宇宙万物的来源。我国古代"五行"说的金木水火土中有火；古代印度"四大"说的地水火风中有火；古希腊"四元"说的水土火气中也有火；古希腊的赫拉克利特甚至把整个世界都看成是"一团永恒的活火"。

在古代人看来，火是一切事物中最积极、最活跃、最容易变化的东西。它能促成事物的转化，整个世界就在烈火中永恒不息地变化着。要问火本身是什么，人们还只能依托于感觉，在古代哲学家的眼中，火就被看成是干和热两种原始性质的化身。人们从崇尚火到感觉火，从不会用火到学会用火，从只会用野火，到发现钻木取火。这都是人类同大自然长期斗争的结果。

二、人类新的解放手段——用火

用火，是人们认识火的真正起点。用了火，就能把石头炼成金属，把砂粒和灰碱烧成了玻璃。于是，人们开始认识到，火除了发光、发热之外，还能使物质发生变化。这样，火就不仅仅是光和热的化身，而成了变革物质的强大力量。

火山爆发、雷电轰击、陨石落地和长期干旱都可能
产生火。人类在实践中不仅……

　　火山爆发、雷电轰击、陨石落地和长期干旱都可能产生火。人类在实践中不仅感觉到了黑暗中火带来的光明，寒冷中火的温暖，而且还发现了经过火烧过的食物更为可口，在熊熊的大火面前，动物相望而逃，火还能够驱赶猛兽，保护人们的生命安全。于是人们从野火中引来了火种，使火为人类服务。这是人类支配自然的伟大开端。

　　人类掌握了火，可以用火来烧烤野兽的肉和植物的根茎，从而结束了原始人类那茹毛饮血的野蛮而落后的时代。吃熟食不但减少了疾病，缩短了消化过程，同时也为脑髓的发育提供了丰富的营养，使人类大脑的发育一代比一代完善起来。摩擦生火是人类在生产实践中发明的，在打制石器的过程中，往往发现某些石头相击会产生火星。人们在使用木制工具时，发现枯木被猛力相摩擦就会发热，摩擦出的木屑热到一定程度也会生成火星，火星由于周围有较高的温度，燃烧时间相对较长，若

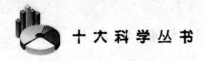

再遇到易燃的干草之类的纤维，就能燃起火焰。于是人们由此发明了钻木取火等方法。人们尝试着用火去烧烂泥、石头之类的东西时，马上就在改造自然的斗争中取得了一系列的重大成果。制陶术的出现，就是用火烧烂泥的直接结果。后来，人们又从石头里烧出了金属。自然界里含锡的铜矿石，经过粗糙的烧炼，就能得到自然的青铜。又过了许多年，人们才学会了炼铁，制造铁器。

烧陶要善于掌握火候，烧青铜需要更高的温度，至于炼铁，对用火技术的要求就更高了。所以，从发明摩擦取火，经过陶器时期，青铜时代，一直到铁器时代，这里的每一个进步，都同火有着密切的联系，都反映着人类利用火、控制火的能力和水平的提高。随着火的利用不断扩大，煮盐、酿酒、烧玻璃等生产技术陆续出现。从此，人类要发展生产，再也离不开火了。火成了人类改造自然的重要武器，成了"人类新的解放手段"。

三、炼金术神话中的火

火既然能使事物千变万化，那么使粪土化为黄金又何尝不可能呢？

公元1世纪，在古希腊的亚历山大里亚城就流传着一种制造"黄金"的工艺，人们用锡、铅、铜、铁等金属熔制成一种黑色熔块，随后加些水银或砒霜使它变白，最后涂上一层硫磺石灰液或媒染剂，使它呈现金黄色的光泽，"黄金"就制成了。

炼金术起源于炼制金属的实践。古代随着冶金技术的发展，人们已经学会用混合各种矿石或在现成的金属里添加各种成分的方法来炼制各种金属。当时，人们只能根据颜色和光泽来分辨金属的"贵贱"，看到金黄、银白就以为黄的是金，白的是银。人们偶然制得一些光泽和色彩都很像金银的合金，便以为是真的黄金和白银。少年朋友们，今天，当你们听到这些无知的人们的所作所为时，你们一定会觉得很荒唐可笑吧。可是，他们有自己的一套自圆其说的理论，每日津津乐道地陶醉在自己的梦想之中。他们认为，之所以能把黑铁化为黄金是因为一切金属在本质上是一样的，都是阳性、火性、燃烧性的"硫"和阴性、水性、挥发性的"汞"相结合的产物。这里所说的硫和汞还不是我们今天所指的化学元素，而是某些神秘的本原。金属的"贵贱"决定于这两种本原在量上的差异。汞多就"贵"，硫多就"贱"。而火在他们的手里就更加神秘了，他们认为，火能烧去其中的硫，留下贵重的汞。所以贱金属愈烧愈精，最后变成宝贵的黄金。

炼金术从我国起源，最后传入欧洲，先后在我国、阿拉伯国家和欧洲的封建社会里盛传了1700多年。长期以来，烧金术士脱离劳动人民的实践，关在与世隔绝的幽暗的丹房里，沉醉于点石成金、发现"人造黄金"的梦想之中。虽然他们也长期用火，但是方向错了，指导思想也错了。他们始终没有把人类对火的认识，对燃烧现象本质的认识推进一步。在炼金术支配着火的漫长时期内，关于火和燃烧现象的学说，本质上是唯心主义的，他们把火看成是构成万物的元素和本原，认为物体燃烧则有火分解出来，而留下的是像土或盐那样的灰烬。炼金术士的神话根本无法解答与燃烧现象有关的各种问题。

四、有没有"火的元素"

（一）波义耳与他的"火微粒"

大规模用火的实践，把人对火的认识大大地推进了一步。火在炼金术士的手里，几乎没有结出多少有益的果实。但一旦从炼金术士的

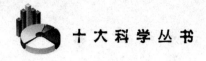

丹房里解放出来，却产生了巨大的成果。生产的发展，需要通过化学实验来了解火和燃烧现象的本质。但是，炼金术关于燃烧的神话，严重地阻碍着人们对火的认识的发展。要进步，就必须扫除横在前进道路上的这些障碍和绊脚石。于是，一场近代化学反对经院哲学和炼金术的斗争，就不可避免地爆发了。站在这一斗争前列的是英国资产阶级的早期活动家罗伯特·波义耳。波义耳，这个曾经访问过罗马，被意大利文艺复兴运动和伽利略反对经院哲学的斗争深深激动着的年轻人，在 1644 年——英国资产阶级革命的高潮中，返回祖国，开始从事自然科学的研究。

如果只看现象，许多物体经过燃烧后确确实实都化为灰烬。特别是植物燃烧，在燃烧后只留下了不多的一点灰，似乎它们在燃烧时真有大量的火分解出来似的。但是，波义耳却注意到，金属在燃烧以后，剩下来的灰渣往往比金属本身重，金属的灰渣比金属本身还要复杂。可见，炼金术关于物质构成和火的观念是根本错误的。他们的理论像孔雀的羽毛，虽然好看，却没有什么用处。

波义耳收集了大量的材料，并亲自做实验来研究这一问题。1603年，他开始了对火的燃烧现象的定量实验。他在密闭的容器内煅烧金属铜、铁、铅、锡等，他发现，燃烧后的这些金属都无例外地增加了重量。这个重量是从哪里来的呢？是不是某种有重量的东西，穿过容器壁上的微孔，跑进容器，同里面的金属结合起来了？如果是，这种东西又是什么呢？经过反复思考，波义耳认为，这种东西就是火。火应当是一种实实在在，由具有重量的"火微粒"所构成的物质元素。从这个观念出发，他认为，植物燃料在燃烧时，物体的极大部分都变成火焰散失到空气中去，只留下了同物体本身的重量相比是微不足道的灰。而金属燃烧时，从燃料中散发出来的火微粒钻进了金属，并与它结合而形成了比金属本身要重的煅灰。所以，他对金属经煅烧而加重的解释可以用一个

他在密闭的容器内煅烧金属铜、铁、铝、锡等，他
发现，燃烧后的这些金属都无例外地增加了重量

式子表达出来，那就是：金属＋火微粒＝煅灰。他把煅灰看成是金属的
化合物，这比起炼金术的说法要前进了一步，而且也似乎有一定的科学
性，因为它毕竟是经过一定的实验而得出的结论，并非背离事实的主观
臆想。但是，波义耳的实验太片面了，他在实验中只注意到密闭容器里
的金属重量增加的一面，而没有同时考察和金属密切地接触着的空气是
否也发生了变化的一面。

火微粒为什么只会钻进结构紧密的金属，使它增加重量，而不能钻
进木头、石头等结构比较松散的东西，使它们的重量也有所增加呢？这
些复杂而又矛盾的现象又怎能用机械的"火微粒"来解释呢？波义耳的
火微粒显然不能被人们所接受，它很快就被新的理论所取代，这也是历
史的必然。

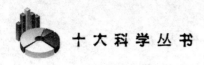

（二）燃素说的兴起

为了统一对燃烧现象的认识，18 世纪初，普鲁士王的御医施塔尔，在概括已有观念和综合各种事实的基础上，把炼金术的燃烧性"硫"和波义耳的"火微粒"结合在一起，提出了一种折中的学说——燃素说。

燃素说把火看成是由无数细小而活泼的微粒构成的物质实体。这种火的微粒既能同其他物质元素结合而形成化合物；也能以游离方式存在，所谓的游离就是单独存在的形式。游离的火微粒大量地聚集在一起，能形成明显的火焰，弥散于大气之中，给人以热的感觉。由这种火微粒构成的火的元素，就叫做"燃素"。

按照燃素说，燃素充塞于天地之间，流动于雷电风云之中。在地球上，动物、植物、矿物都含有燃素。大气中含有燃素，因而会在空气中引起闪电，而使大气动荡不已；生物中含有燃素，所以才生机勃勃；无生命物质含有燃素，就会燃烧起来。燃素不仅具有各种机械性质，而且又像灵魂一样，本身就是一种动因，是"火之动力"。物体失去燃素，变成死的灰烬。灰烬获得燃素，物体又会复活。

当用燃素说解释燃烧现象时，则可以认为一切与燃烧有关的化学变化都可以归结为物体吸收燃素和释放燃素的过程。煅烧金属，燃素逸去，变成煅渣；煅渣和木炭共燃时，煅渣又从木炭中取得燃素，金属重生。燃烧硫磺，燃素逸去，变成硫酸；硫酸和松节油共煮时，又从松节油里夺回燃素，硫酸又被还原成硫磺。在燃素说看来，物体中含有燃素越多，燃烧起来就越旺，比如说：油脂、炭黑、硫、磷就是极富有燃素的物质。"燃素"的含义似乎与火微粒相像，但要知道，他们两方对金属煅烧过程的解释却恰恰相反，按照燃素说，其过程可以表示为：金属－燃素＝煅灰。

燃素说虽然比炼金术能解释更多定性的化学现象，但是它同炼金术一样不能解释金属煅烧增重的事实。既然金属在煅烧时要逸出燃素，为什么煅渣的重量反倒增加了呢？为了说明这一点，人们不得不加给燃素一些神秘莫测的性质。有人说，燃素是和地心相排斥的，具有负重量，因此金属失去燃素时，重量反而增加了。有人说，金属失去燃素，就好像活着的人失去灵魂，死了的尸体比活着的躯体要重，死的灰渣自然就比活的金属重。

机械论者看不到燃烧现象的本质，任意杜撰了一个由莫须有的"火微粒"所造成的燃素。然而，用燃素又不能解释全部燃烧现象。怎么办？在科学还深深禁锢在神学之中的历史情况下，形而上学的机械论只好转向传统的神秘论求救，以为只要给燃素这个"臆想出来的"物质再加上一些臆想出来的神秘特性，就可以把它变得像灵魂一样神通广大。所以，在燃素说中还深深地遗留着"万物有灵论"的痕迹。这样，它当然经不起实践的考验。经过人们多方探索，结果谁也没能拿到燃素，特别是人们对化学反应更多地进行了定量研究后，越来越使燃素说陷入了无法克服的困境。

五、燃烧和空气

中国有句俗语叫"火仗风势"，意思是说空气流通越好，火着得越旺，沙土能够熄灭熊熊燃烧的火，就是因为沙土将空气和火分离开了，从而使火熄灭的缘故。火和空气往往是不可分的，要燃烧总要有空气。所以要对燃烧现象有比较深入的了解，就要知道燃烧和空气的关系，揭示火与空气的内在联系。

（一）揭开了气体化学的序幕

实际上，远在古代，人们早就在日常生活和生产实践中，掌握了鼓风助燃的道理。鼓风就是鼓空气，空气鼓得越足，火焰也越旺盛。但

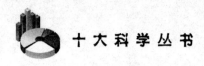

是，在古代，人们对自然现象还缺乏细致的分析。火和空气到底有没有关系呢？在许多人看来，还是个谜。直到后来有一次，波义耳把一个玻璃瓶中的空气抽成真空状态，再在这个抽成真空的瓶中点燃蜡烛、焦炭、硫磺等可燃物体，结果发现它们都不能燃烧，完全失去了燃烧能力。他发现，火焰不能在这个抽成真空的瓶中存在。这样，人们才意识到火和空气之间原来是有着必然联系的。

火和空气有联系，那么是什么样的联系呢？在17世纪下半叶，英国的物理学家和化学家胡克曾对此问题有过研究。在他看来，空气好比一种溶剂，燃烧就是可燃性硫在空气中溶解的过程。当可燃性物体中的硫大量地溶解到空气中去的时候，产生了许多热，这就是火。在燃素说发展起来以后，空气就十分自然地变成了燃素的溶剂。有空气，燃素就能溶解出来；没有空气，燃素自己不会从物体中跑出来。所以，直到18世纪上半叶，人们对空气的认识还相当笼统和模糊。空气是"空气"，其他气体也是"空气"。一说起"空气"就是一种包罗万象，笼统称之为"气"元素。面对这样的混乱局面，总有些人设法去改变它。

1755年，英国的化学家布拉克做了一个实验，通过这个实验他发现了"固定空气"即二氧化碳（也叫碳酸气），这才把笼统的"气"元素打碎了。布拉克把石灰石放在容器中煅烧，煅烧前后分别称其重量，结果发现，煅烧后石灰石的重量减少了44％，他断定这是因为有气体放出的缘故。石灰石是烧石灰的原料，他又将石灰石放入酸中，发现石灰石遇到酸还会"吱吱"冒气，为什么石灰石遇酸会冒气呢？这种气体是什么？布拉克用集气瓶把这种气体收集起来，并用石灰水吸收它，结果澄清的石灰水由于吸收了这种气体却变得混浊起来。再把点燃的蜡烛放在盛有该气体的集气瓶中，蜡烛马上熄灭。这种气体果真厉害！于是布拉克想，它既然有这么大的威力，看看它对有生命的东西会怎样？他把麻雀和老鼠等小动物拿来，然后把它们一一放到盛有这种气体的集气

他把麻雀和老鼠等小动物拿来，然后把它们一一放
到盛有这种气体的集气瓶中……

瓶中，结果，麻雀也好，老鼠也好，没有一个可以幸免于死，它们先是
痛苦地挣扎着，随后便慢慢地倒在瓶里，再也不能动弹了。布拉克觉得
这种气体实在是值得研究，于是想把它收集起来，当他用一瓶盛有石灰
水的瓶子来收集这种气体时，他又发现，这种气体的重量与煅烧时放出
来的气体重量相等。很显然，这种气体与寻常的空气不一样。由于这种
气体是固定在石灰石中，当时布拉克就叫它"固定空气"。以后，布拉
克又以碳酸镁做了类似的实验，发现镁石中也存在"固定空气"。这样，
在布拉克实验的启迪下，人们不久就发现，"固定空气"不仅存在于石
中，动物呼吸中也有，而且木炭燃烧时也有"固定空气"生成，在大气
中也常常包含着"固定空气"的成分。"固定空气"既固定又不固定。

在燃素说看来，石灰石煅烧失重，变成碱性的石灰，完全是石灰石
在煅烧时吸收了燃素的结果。然而，联系到石灰石遇酸冒气的事实，在
对石灰石的煅烧过程进行了大量的研究以后，布拉克断言，石灰石的失

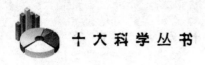

重，石灰的碱性，都是由于失去了酸性的"固定空气"所引起的，而与吸收不吸收燃素没有丝毫的关系。这一发现无疑是对燃素说的一个沉重的打击。

但是由于"固定空气"易溶于水，因此布拉克等始终未能收集到纯净的这种气体。直到1766年，英国人卡文迪许才用汞槽法收集这种气体并取得成功。卡文迪许测定了"固定空气"的比重和溶解度，并用确凿的实验证明了它和动物呼出的气体，以及木炭燃烧后产生的气体相同。这种气体后来人们称它为二氧化碳。就这样，人们在大量的科学实验的基础上，发现了二氧化碳气体，从此人们对火和燃烧现象的认识也便走向科学的轨道上来。

（二）发现了新燃素

二氧化碳的发现，揭开了气体化学的序幕。从此，一系列的气体陆续从空气中分离出来了。

卡文迪许在测定了二氧化碳的一些性质以后，又开始继续他的定量实验研究。他用铁和锌等作用于盐酸及稀硫酸制得了氢气，并用排水集气法收集了起来。他在实验中发现，用一定量的某种金属与足量的各种酸作用，所产生的氢气其量总是固定的，与所作用的酸的种类无关，也与酸的浓度无关。有一次，他将收集到的不纯的（混有空气）氢气用火点燃，结果，"轰"的一声爆鸣声吓了他一跳，这可是以前没有发现的现象。于是卡文迪许认识到这种气体和其他已知的各种气体都不同，它既不像空气那样有利于燃烧，也不像"固定空气"那样能被碱吸收，它本身却能在空气中燃烧，且发出轻轻的爆鸣声，他把这种新发现的气体——氢气，叫做"可燃空气"。

这种气体是从哪里来的呢？从制作方法上看，它不是从酸中而来，就是从金属中而来，卡文迪许认为这种气体不是酸中产生的，而是由金属中分解出来的。由于卡文迪许是燃素说的虔诚信徒，他认为金属中含有燃素，金属在酸中溶解的时候，他们的燃素便释放了出来，形成了"可燃空气"——氢气。他甚至误认为氢气就是燃素。

二氧化碳的发现，否定了燃素说对石灰石煅烧失重的解释，而氢气的发现却又成了论述燃素存在的新证据。燃素到底有没有？氢气真的是燃素吗？燃烧的原因到底是什么？这一连串的问题成了当时的大问题，它迫使化学家们继续不断地向前探索。

（三）进一步剖析空气

18 世纪 70 年代，法国已经进入了资产阶级革命的前夜，在英国，一个大规模的工业革命高涨时期已经到来。社会的进步有力地促进了工业生产的新高潮，工业机械化的需要对冶金工业，特别是钢铁工业，在数量和质量上都提出了新要求。而要提高金属的质量，第一步就必须弄清楚在鼓风炉里发生着的化学过程的全部细节。

一般说来，鼓风炉里不外是矿砂和焦炭在燃烧。但谁都知道，不鼓风，没有空气的帮助，矿砂、焦炭本身是烧不起来的。在各种物质中间燃烧关系最大的还是空气。这样，人们再也不能忽视空气的作用了。正如有些科学家所断言的那样："要作出有关火的现象的任何真实判断，没有空气的知识是不行的。"为了了解燃烧的本质，人们的注意力就愈来愈多地集中到空气上来了。

对空气的深入剖析，首先是从考察二氧化碳即"固定空气"的来历入手的。为什么木炭在空气中燃烧会生成二氧化碳，二氧化碳本身又是什么？1772 年，英国的卢瑟福对空气进行了初步的剖析，进行了一系列的实验研究。

有一天，卢瑟福将一只小老鼠放进了一个密封的容器里，然后观察老鼠的反应。起初的时候，小老鼠艰难地喘息着，渐渐地呼吸越来越困难，最后可怜的小老鼠就闷死在器皿中。等这一切都发生过了，卢瑟福发现容器内空气的体积比以前减少了，容器内剩余气体再用碱溶液来吸收，气体还会继续减少。这说明容器中的空气含量中，有一部分是氧气，小老鼠吸收完这些氧气后，就再也得不到生命所必需的气体——氧气而一命呜呼了。还有一部分就是能被碱液吸收的碳酸气，也就是二氧化碳。

卢瑟福就是用这种方法除去空气中的氧和二氧化碳，并且对剩余气体作进一步的实验研究。他在老鼠不能生存的空气里点起一支蜡烛，蜡烛仍然可以隐隐发光；等到蜡烛熄灭后，往其中投入一小块磷，磷还会发光燃烧。通过这些实验现象，他觉得要从空气中除干净这些助燃烧和助呼吸的气体是很困难的。以后，他又在密闭的器皿中，利用燃烧磷来除去这种助燃烧和助呼吸的气体，发现效果很好。卢瑟福并没有因找到了除干净空气中的氧的办法而终止他的实验。他又继续做了大量的实验研究，发现器皿中的剩余气体不但能灭火，而且还不能维持动物的生命，他给这种剩余气体起名叫"浊气"。他所说的"浊气"其实就是氮气。"浊气"为什么能灭火呢？卢瑟福有自己的理论，他认为"浊气"

他在老鼠不能生存的空气里点起一支蜡烛，蜡烛仍然可以隐隐发光；等到蜡烛熄灭后，往其中投入一小块磷，磷还会发光燃烧

是给燃素饱和了的空气，意思是说，因为它已吸足了燃素，因此失去了助燃能力。

当然，18世纪的任何发明与发现，都是很难属于某一个人的。当时在研究空气和燃烧关系的科学家还有瑞士的舍勒，英国的普利斯特里和卡文迪许，法国的拉瓦锡等。他们所用的实验方法几乎相同，并且都发现了空气中主要含有两种成分——有助于燃烧和呼吸的气体（氧气）和对燃烧和呼吸不利的气体（氮气）。但是，这两种气体是什么，当时还没有人对它们达成统一的认识，在这个问题的认识上，由于每个人的指导思想不同，因此他们只好分道扬镳了。

六、百年实验

出身贫寒的瑞士药剂师舍勒，为了谋求生活，一直在药房打工，他经常利用工作之余做一些实验来研究身边所发生的各种问题。燃烧现象的研究兴起以后，他便利用药房的一些方便条件，做了一系列的实验。他能用两种方法来制取氧气，这在当时是很了不起的事情。他总结了自己所做的各种实验结果，最后得出结论。他认为，空气能够助燃是因为空气中含有一种特殊的成分"火气"，它特别容易吸收燃素，"火气"吸收了物体中的燃素后变成了热，通过容器壁上的细孔跑掉了，结果就留下了完全不会吸收燃素的"浊气"。"浊气"是一种同燃素没有任何关系的气体。其实，舍勒所说的"火气"和"浊气"就是我们今天所说的氧气和氮气。尽管他关于"火气"吸收燃素变成热的见解近乎荒唐，但他却是第一个确认空气中包含两种成分的人。

1774年，普利斯特里利用一个直径为0.3048米的聚光镜来进行物质加热实验，看一看物体加热后会不会放出气体，并用汞槽来收集产生的气体，以便研究它们的性质。

八月的一天，他像以往做其他物质的分解实验一样把汞煅灰（氧化汞）放在玻璃器皿中用聚光镜加热，不一会儿，器皿中的物质就分解并放出气体。他想，这种气体一定是空气。他用上水集气法收集了放出的气体，然后把点燃的蜡烛放在集气瓶中，结果蜡烛燃烧得更旺了，火焰也更加明亮起来。这使普利斯特里非常兴奋，他心里想，再用老鼠试试看，于是他把老鼠放在集气瓶中，同时，他把另一只放在盛有空气的同样瓶中，结果，在盛有空气的集气瓶中的老鼠早早地就死去了，而另一只老鼠则比它活的时间长了很多。这只"幸运"的老鼠为什么能多活了这么长时间呢？一定是这种气体有助于动物的生存，不妨自己试试看。普利斯特里大胆地试着吸入这种气体，呀！真奇怪，他顿时觉得呼吸轻快了许多，使他感到格外舒畅。

其实，这些实验结果已雄辩地说明了空气中含有一种能够助燃烧和助呼吸的成分——氧气。但是，普利斯特里是个极顽固的燃素说的信徒，即使有了以上这样的实验依据，他还仍然认为空气是一种单一的气体，助燃能力所以不同，是因为燃素的含量不同。从汞煅灰里分解出来的是新鲜的、一点燃素都没有的空气，所以吸收燃素能力特别强，助燃能力也就格外大，他把这样的空气叫做"无燃素空气"；平常的大气，由于经过动物的呼吸，植物的燃烧和腐烂，已经吸收了不少燃素，所以助燃能力就比较差了。一旦空气被燃素所饱和，就不会再继续助燃，变成了"被燃素饱和了的空气"，也就是卢瑟福所说的"浊气"。

总之，在普利斯特里看来，氧气和氮气的差别仅仅在于氧气是一点儿也不含燃素的空气，氮气是吸足了燃素的空气，平常的空气就是在燃素的含量上近乎两者之间。

法国的拉瓦锡是燃素说的根本反对者，当他了解到了普利斯特里有关氧气的实验后，他花费了大量时间，把大量的精确实验材料联系起来，用天平作为研究的基本工具，对前人做过的许多实验进行了定量分析，终于揭露了燃素说的内在矛盾。

1774年，他用锡和铅做了著名的金属煅烧实验。他的实验仪器是一个曲颈瓶和一架天平。他把事先准备好的锡和铅精确地称量好，分别放入曲颈瓶中，用塞子把瓶口密封，再用天平精确地称量金属与瓶的总重量，然后加热，直到铅和锡全部变为灰烬，再用天平进行称量，结果他发现，加热前后，总重量没有变化。另一方面，当他把曲颈瓶子打开时，发现有空气冲了进去，这时再进行称量，瓶和金属煅灰的总重量却增加了，而且所增加的量和金属经煅烧后增加的重量恰好相等。在事实面前，拉瓦锡对燃素发生了极大的怀疑，金属的煅灰会不会是金属和空气的化合物？为了证明这个想法，他又用煅灰反复做了许多实验，结果意外地发现，把煅灰与焦炭一起加热时有大量二氧化碳释放出来，同时，煅灰又变成为金属铅。这使他感到不仅是简单地从焦炭中吸取一点燃素的问题了。否则那么多的二氧化碳从哪里来？再联想到焦炭在空气中燃烧也生成二氧化碳的事实，使拉瓦锡更确信煅灰是金属和空气相结合的产物，而且，煅灰在和焦炭共热时所放出的二氧化碳一定是从煅灰中释放出来的空气与焦炭相结合的结果。

要想证明这个结论，最有说服力的当然就是想办法从金属煅灰中直接分解出空气来。于是他又设计了一个实验，加热铁煅灰。但是实验的最后结果并没有得到空气，实验没有成功。正当拉瓦锡遇到困难的时候，当时在巴黎访问的普利斯特里把从汞煅灰中分解得到"无燃素空气"的实验事实告诉了拉瓦锡，拉瓦锡马上用聚光镜重复了普利斯特里的实验。从汞煅灰中分解出了比普通空气更加助燃、助呼吸的气体。

接着而来的问题是，为什么汞煅灰里分解出来的"空气"助燃能力比平常的空气要来得大？为了解决这个问题，拉瓦锡从1772年到1777年的5年时间里，又做了大量的燃烧试验。他用磷、硫磺、木炭、钻石

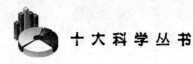

燃烧；将氧化铅、红色氧化汞和硝酸钾加热使之分解等等，从大量的实验结果的分析中，拉瓦锡断言，从汞煅灰里分解出来的气体，决不是什么"无燃素空气"，而是一种新的物质元素，他把它命名为：oxygene，也就是氧，物质只有在氧气中才会燃烧。空气之所以能助燃，是因为其中含有氧。物质在空气中燃烧不如在氧气中燃烧得旺盛是因为空气中只

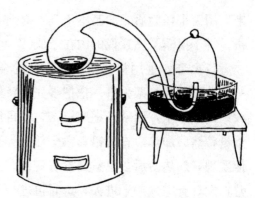

拉瓦锡研究空气成分所用的装置。他从 1772 年到 1777 年的 5 年时间里，又做了大量的燃烧试验

有一部分是氧，而很大一部分是不助燃的"浊气"。所谓"浊气"也不是什么"燃素化空气"，它是一种物质元素：氮气。物质的燃烧和金属煅烧变为煅灰并不是分解反应，而是与氧气的化合反应。根本不存在燃素说的信奉者们长期坚持的：金属－燃素＝煅灰，而应该是：金属＋氧＝煅灰（某种氧化物）。

这样，拉瓦锡在普利斯特里制出的氧气中发现了幻想的燃素的真实对立物，找到了燃素说的错误根源，揭示了燃烧和空气的真实联系。氧和氮的真正发现，把过去一直以为杂然一团的空气最终分开，解开了迷惑人们达数十年之久的燃素说之谜。

七、水中有火

俗话说，水火不相容，然而水里却蕴藏着大量的火。如果说，氧的

发现解开了燃烧之谜，沉重地打击了燃素说，那么水中取火的实现，就进一步加速了燃素说的崩溃。

生产的发展总是不断地推动着人类对自然界认识的发展。随着蒸汽机的发明和蒸汽动力的广泛使用，从来被人们看成是十分单纯的水，它的内在矛盾也就暴露出来了。水化为蒸汽，它所能迸发出来的力量足以推动各种机械的运转，但水蒸气却又对用来制造机器的金属有很大的腐蚀作用，水能腐蚀金属，这是什么道理？这个问题又不能不引起人们的重视。

1871年，普利斯特里研究了水蒸气对灼热铁屑的作用，发现水蒸气不仅可以使铁屑变成煅灰，同时还有大量"可燃空气"（氢气）释放出来，他把这种"可燃空气"同普通空气混合后，放在容器里点燃，结果容器爆炸了，在破裂的容器壁上凝结着露珠般的东西。普利斯特里没有对这些露珠多加注意，他想，这一定是容器事先没有烘干。这一事实却引起了卡文迪许的注意，他和他的助手反复多次地进行这种实验，无论容器烘得怎么干，事后都有露珠生成。在一次次的实验中，他都注意着发生的现象，总结规律。最后卡文迪许认为，容器壁的露珠是氢气和空气中的氧气的化合物。进一步对露珠进行分析，发现这种液体无臭无味，蒸干后不留任何残渣，蒸发时也没有刺鼻的气味产生，这露珠似乎就是纯净的水。

水真的是"可燃空气"同"无燃素空气"的化合物吗？为了证实它，卡文迪许直接把氢气和氧气混和在一起燃烧，结果确实有水生成。

同一时期，拉瓦锡也在研究氢和氧的作用，但他却在另一个错误观念的束缚下，陷入了严重的困难之中。在他看来，氧是一种酸素，凡是非金属与氧作用都应当生成酸，因此他一心想通过氢和氧的作用合成出一种尚未知道的酸来。这一幻想迷住了他的心窍，使他对反应中残留在器壁上的水视而不见。直到1783年5月的一天，他从卡文迪许的助手卜拉格那里得知卡文迪许的发现后，他才恍然大悟。从此，他改变方向，对水、氧和氢之间的关系做了大量实验和定量分析研究，最后他终于发现，"可燃空气"根本不是什么从金属中释放出来的燃素，而是从水中分解出来的一种物质元素，叫氢。它是水的一个组成部分。水不过是氧化了的氢，或者说水是氢气和氧气直接化合的产物。

统一的水分解了，原来的水"一分为二"，水是氢和氧的矛盾对立物。把水分解成氢和氧，从"水中取火"也就有了可能。水的分解显示了氢的真实面目，粉碎了燃素论的最后一张王牌。

燃素说之所以被推翻，并不是说拉瓦锡是那种了不

人类对自然界的认识总是不断发展的

起的天才。他之所以能够推翻燃素说，是因为"燃素说经过百年的实验工作提供了这样一些材料"，而他对这些材料的真实联系作出了切实和毫不虚假的分析，要是没有实验材料，要是离开了前人和同时代的许多人的实验，燃素说的推翻也是不可能的。

人类对自然界的认识，总是不断发展的，在科学发展的历史上，燃烧的氧化理论代替了燃素说，这是个不可否认的进步。但是氧化理论绝不是对火和燃烧现象认识的终结。

少年朋友们，当你们看到盐酸工业中，合成氯化氢反应炉里熊熊燃着的只是氢气和氯气的混合物，连一点儿氧气都没有，这就早已超越了氧化理论的范畴。原子弹的爆炸，产生出更为炽烈的燃烧现象，在那里，连一般的化学运动范畴也突破了。所以我们对火和燃烧现象的认识，也还在继续尝试，继续实验，继续发展。

人类是如何认识电的

——富兰克林静电实验

电，在科学与信息技术高度发达的今天，对我们每个人都是如此熟悉。不要说工厂里巨大的电炉，机井旁的电动机，铁道上的电动机车，就是在我们的日常生活中，电器已悄悄地走进各家各户。电灯、电话、电视、电冰箱已随处可见，就连厨房里也有电饭锅、电炒锅之类的家电器。现代化的生活离不开电，现代工农业生产也离不开电，现代科学技术更是离不开电！

对我们人类来说，电是如此的重要和神奇，可它却是无形的，除了被电击以外，我们既看不见它，也摸不着它。那么，人类是怎样认识电和懂得使用电的呢？这确实是一个很吸引人的问题。

电学的发展历史告诉我们，人类关于电的知识，是从发现摩擦过的琥珀吸引草屑开始，经过两千多年的广泛探索和逐步积累，才达到今天的水平的。人类对它的认识，是靠实验一点一点地前进和逐渐深入的。

电学的系统研究始于 1600 年，从吉尔伯特的工作开始的，这一时期的实验都集中于静电方面，许多物理学家置身于自然界的种种现象之中，不顾个人生命的安危，为探求真理，谱写了一曲曲动人的篇章。

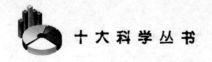

一、古代人对电的认识

（一）远古的发现

一个原来不带电的物体，经过摩擦以后，就能吸引质量轻小的物体，这是我们今天人所共知的最起码的静电现象。这一现象和西方一样，也是很早就被中国古代劳动人民发现了。但是，由于当时人们文化知识及认识水平的低下，并没有对这一现象给予确切的解释和说明，其实，这就是我们今天所说的摩擦起电现象。

"瑇瑁吸褚"是在西汉末年，人们发现的最早的摩擦起电现象。"瑇瑁"就是我们今天所说的玳瑁，是一种海生爬行动物，外形跟龟非常相似，它的甲壳呈现黄褐色，非常光滑，上面长有黑斑，是一种绝缘体，但经过摩擦后就能带电，然后把它靠近轻小的物体，如纸屑、草屑等，它就能将这些轻小物体给吸走，有时甚至能将纸片、草屑等吸到它的上面。当时，人们发现了这种现象，感到非常奇怪，不可思议。人们对这种奇怪现象的解释五花八门，各式各样，这其中似乎有一定道理的解释是东汉王充的观点。

王充认为，经过摩擦后的玳瑁之所以能够吸引轻小物体，是因为玳瑁和这种物体具有相同的"气性"，从而能够相互感动的缘故。后来，人们发现，经过摩擦后能够吸引微小物体的现象并不是玳瑁所独有的。摩擦后的琥珀能够吸引草屑。人们用漆木制成的梳子梳理头发，头发会被梳子吸引而显得稀疏、蓬松。质料不同的内衣和外衣发生摩擦时会有微小的"噼啪"声，甚至在人们脱衣服时会在空气中产生小火花。所有这些现象，都可以用摩擦起电来解释。可见，中国早在公元前后就发现了摩擦起电现象。这些远古的发现，正是人们认识电的伟大开端。

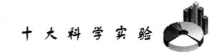

（二）神奇的雷电

早在公元前 16 至 11 世纪的殷商时代遗留下来的甲骨文中，人们就发现有雷字。西周时代青铜器上也有电字。这说明，人们对雷电现象的认识也是很遥远的。在我国古代，人们对于雷电的传说是非常神秘，而且富有迷信色彩。当人们听到天上传来的隆隆雷声时，他们会紧张地躺到某个角落里。因为他们认为，雷是天神发怒时的表现，雷声是天神的怒吼声，那伴随雷声的亮光是天神高举的火把。也有人认为，雷电是阴阳两气斗争的产物，因为他们发现有云才有雷。隆隆雷声是阴阳两气相互作用的声音，阴阳两气相互作用同时还会产生一种闪光。闪光若击中人，人就会死掉；击中树木，树木就会折断；击中房屋，房屋就会倒塌。还有人认为雷电就是火，它可以烧焦人的头发、皮肤和草木。

总之，雷电在古代大多数人们眼中是神奇又有威力的伟大力量，他们像对待上帝一样，敬畏它，任凭它的摆布和主宰。与此同时，也有一部分人注意到，雷电在它肆意地宰割大自然的时候，似乎并不是千篇一律的，它对金属物质、漆器、皮革等物质产生不同的效果，这些物质对雷电引起的电流和升温效果极不相同。这一发现，可以说是近代电学中关于导体和绝缘体概念的萌芽。

二、第一台起电机的诞生

17 世纪，人们开始了对电的系统研究。开始的时候，人们对电的研究还只限于静电方面。当时，摩擦起电是人们获得电的唯一方法，要做较大型的电学实验，需要大量的电，仅靠手工摩擦物体所带的那点电还太微小。所以，人们在这一需要的压力下，努力地想办法来改进当时的摩擦起电工具。第一台摩擦起电机是德国的马德堡市的市长盖里克发

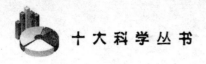

明的，大约是在 1660 年。

　　盖里克是一个多才多艺的人，当过 35 年马德堡市的市长，对科学研究很感兴趣。1650 年他发明了抽气机，后来又用它做过著名的马德堡半球实验，证明了大气压力的强大。1660 年左右，他开始研究摩擦起电，在实验中，他感到用手摩擦很费事，于是，他想用什么办法能省一点儿事呢？经过多日的思考和准备之后，他终于制造出了省事的摩擦起电机。这台在当时最大的摩擦起电机可以说是历史上第一台"起电机"。

　　盖里克的摩擦起电机实际上就是一个非常大的带有一根长柄的硫磺球。这个起电机在今天看起来是多么的简单，但在当时已经是一个了不起的发明，它标志着科学研究手段的进步。盖里克把大块的硫磺用木棒敲成细小的碎块后，放进一个足够大的球状玻璃瓶中，然后给这个玻璃瓶加热，使里边的硫磺熔化，硫磺熔化后再向其中不断地添加，直到熔化了的硫磺充满烧瓶，然后向瓶中插入一根木柄，最后停止加热。把瓶搁置到阴凉处冷却，过一段时间后，硫磺冷却了，把烧瓶打碎，就得到了一个比脑袋还大的黄色带柄的硫磺球。盖里克把硫磺球放在一个木制的托架上，用一只手握住木柄使硫磺球绕轴旋转，另一只手按在球面上，手掌与硫磺球产生摩擦，从而产生了电。

　　盖里克用这个摩擦起电机做了许多有意思的实验。他把摩擦过的硫磺球从架子上取下来，手拿着它的轴，把羽毛吸引到它上面后，羽毛又被排斥而离开它。他拿着硫磺球排斥羽毛，不让羽毛落下，使羽毛在空中飘浮，羽毛张开着，在某种程度上像活的一样。他在试验中发现，这羽毛喜欢靠近它前面任何物体的尖端，并且能够让它粘着在任何物体的突出部分。但是，如果在桌子上放一支点着的蜡烛，把羽毛驱赶到离烛火上方约一掌宽的距离时，羽毛便突然后退，并飞向带电的硫磺球。这些实验表明，盖里克已经观察到物体的尖端对电的特殊作用以及烛火能使羽毛失去电的作用。

如果在桌子上放一支点着的蜡烛，把羽毛驱赶到离烛火上方约一掌宽的距离时，羽毛便突然后退，并飞向带电的硫磺球

人类创造的东西，总是从简单到复杂，盖里克的摩擦起电机虽然简单，但他却用它观察到了许多重要的实验现象，而且它是人类制造的第一个起电机器，他为后人创造出更大型、更先进的起电机，提供了一种方法，因此，它的意义也是不容低估的。

三、迈出重要的一步

摩擦起电机的出现，为实验研究提供了电源，对电学的发展起了重要作用。经过英国和德国科学家们改进的摩擦起电机，效力和威力都有提高，能够产生强大的火花，特别是能从人身上产生出火花来，引起了

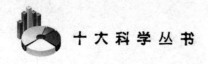

世人的惊奇。这种由人工产生的新奇的电现象，也引起了社会的关注。不仅一些王公贵族观看和欣赏电的表演，连一般老百姓也受到吸引。特别是在 18 世纪 40 年代的德国，整个社会都对电的现象产生了兴趣，普遍渴求电的知识，电学讲座成为广泛要求，演示电的实验吸引了大量的观众，甚至大学上课时的电学演示实验，公众都挤进去看，以至于达到把大学生挤出座位的地步。

就在这风靡世界的电的热潮中，许多科学家都致力于电学的基础研究，他们做了大量的实验来验证自己发现的电现象，同时也在这些实验中探索着电的新世界。

在电的实验研究中，迈出重要一步的是英国人斯蒂芬、格雷。这重要的一步是：发现了导电现象。格雷生于英国的一个手工艺家庭，精于工艺。1703 年至 1716 年间致力于天文观测工作，被誉为是细心而可靠的观测者。1707 年，剑桥大学一位教授请他帮助建造新天文台，这期间他有机会看到别人做电学实验，很感兴趣，于是他自己也试着做，这时他已是年过 40 的人了，他在电学上的贡献，则是在 60 岁以后作出的。

1731 年，他用玻璃作为摩擦带电体来起电。他手里拿着一根长的空心玻璃管，从头至尾地摩擦它后，发现玻璃管能够吸引羽毛，这说明玻璃管已经带电。如果当初盖里克知道玻璃是一种良好的带电体，他就不必剥去硫磺外面的烧瓶玻璃了。格雷又把管子的两端用软木塞塞起来，摩擦玻璃管的一头。这时，一件奇怪的事情发生了：软木塞也能吸引羽毛，可是他并没有摩擦软木塞呀！格雷马上意识到，是摩擦玻璃管时产生的电传输到软木塞上了。

电果真能够传输吗？为了检验自己的判断，格雷又做了一个实验。他把一根细棒插入玻璃管顶端的软木塞里，细棒的另一端扎上一个象牙球。然后开始摩擦玻璃管，在摩擦玻璃管时不让手碰到软木塞、细棒和象牙球，可是当摩擦一段时间后，桌子的羽毛竟被吸附到象牙球上了。这样看来，电可以传输，这是毫无疑问的。

电可以传输，那么它到底能够传输多远呢？这是接下来要解决的问题。格雷又把象牙球吊在一条绳索上，绳索的另一端拴在玻璃管的软木塞，然后用一些丝线把绳索悬挂在工作室顶篷的钉子上，当他再摩擦玻璃管时，象牙球仍然能够吸引羽毛。于是他加长绳索的长度，不断地重复着他的实验。直到绳子的长度达到 30.48 米时，象牙球仍然能吸引羽毛。他用越来越长的绳索继续实验，最后丝线由于承受不住绳子的重量都断了，但对羽毛的吸引力是同样的。格雷于是又想到会不会是象牙球有什么特殊的魔力，他把象牙球去掉，换上其他的东西，先把房里的火铲拴上，然后再换上火钳、拨火用的铁棍、水壶等，结果都同样能吸引轻小的羽毛。哇！电的威力真大，能传输到这么远的距离，那么，它到底能传输多远，格雷决心要弄个明白。

为了能拴住更长的绳索，格雷改用粗铜丝代替丝线把绳索悬挂到天棚上，然后继续摩擦他的玻璃管。没想到，无论他怎样长时间地摩擦玻璃管，象牙球也不能吸引羽毛，甚至玻璃管本身也不再吸引羽毛了。这表明，玻璃管上的电没有通过绳索传到小球上，格雷猜想，可能电是通过铜丝和铁钉跑掉了。进一步实验后，他发现，电通过金属比通过丝绸时更易于传导，因此，他把电容易通过的物体（如金属）叫做导体，而把电难以通过的物体（如蚕丝）叫做非导体。导体的发现是电学发展中的一次质的飞跃，它使静止的电从一个物体传到另一个物体上，使电学的发展迈出了非常重要的一步。

格雷为了检验这一理论，做了一个非常有趣的实验。他用结实的绳子将一个小孩吊在屋子的顶篷上，孩子的下面放一些羽毛，用摩擦过的玻璃管接触孩子的胳膊，不一会儿，羽毛就吸附在孩子手上和身上，这说明了人体也是导电体。

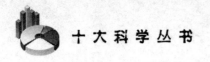

四、伟大的发明

在电学的发展中，极其重要的一步是莱顿瓶的发明。莱顿瓶是德国的克莱斯特和荷兰物理学家穆欣布罗克于 1745 年～1746 年发明的。

电是看不见摸不着的东西，怎样才能将它保存起来呢？18 世纪 40 年代和 50 年代初，起电装置的改善和大气电现象的研究，吸引了物理学家们的广泛兴趣。1745 年，普鲁士的克莱斯特利用导线将摩擦所产生的电荷引向装有铁钉的玻璃瓶，当他用手触及铁钉时，受到猛烈的一击。这一事实给了科学家们很大的启发，它告诉人们：装在玻璃瓶中可以储存电！

与此同时，荷兰莱顿大学的物理学教授穆欣布罗克在和助手进行电学实验时，看到好不容易聚集起来的电，很快就在空气中消失，感到很可惜，他想寻找一种保存电的方法。有一天，他将一根枪管悬挂在空中，用起电机和枪管连接上，然后再从枪管中引出一根铜线，将它浸入盛有水的玻璃瓶中，他让助手拿着玻璃瓶，自己在一旁使劲地摇着起电机。他的助手用一只手拿着玻璃瓶，另一只手不留神碰到了枪管上，他猛烈感到一次强烈的电击，大喊了一声，几乎要跳了起来，手里的玻璃瓶也差一点儿掉到地上。穆欣布罗克与助手换了一下，让助手去摇起电机，自己一只手拿瓶子，另一只手去碰枪管，当然，他也不会例外，也遭到了同样的电击。

事情发生以后，穆欣布罗克在给一位法国朋友的信中报告了这个可怕的偶然发现。他说："我愿意告诉您一个新的、十分可怕的实验，希望你自己千万不要去做。当我把容器放在左手上，试图用右手从充电的铁柱上引出火花时，突然，我的手受到了一下力量很大的打击，使我的

他猛烈感到一次强烈的电击，大喊了一声，几乎要跳了起来

全身都震动了，手臂和身体产生了一种无法形容的恐怖感觉。一句话，我以为我命休矣。"他还向朋友表示，就是把整个法兰西给他，也不愿再受到这样一次可怕的打击。看来这种打击是很恐怖的。

尽管这个实验是十分可怕的，但却使穆欣布罗克得到了一种存储电荷的方法。把带电体放在玻璃瓶内可以把电保存下来，后来，人们把这个能储存电的瓶子称为"莱顿瓶"，这个实验称做"莱顿瓶实验"。"莱顿瓶"是因莱顿城而得名的。莱顿瓶发明后，人们在使用的过程中逐步对它进行修改，使其功能及外形设计都日渐完好。凡经修改后的莱顿瓶内外表面都被贴上金属箔，瓶内装了水，瓶盖上插一个金属杆，杆上端附一个金属小球，下端用一金属链子同内表面连接起来。

莱顿瓶的发明，不仅为储存电提供了一种有效的方法，也为进一步

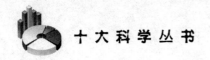

开展静电实验创造了良好的条件。

五、揭开雷电之谜

（一）一次壮观的表演

电震现象的发现，轰动一时，这大大地增加了人们对莱顿瓶的关注。莱顿瓶能产生强烈的电击和火花，也引起了王公贵族和一般市民的兴趣，他们喜欢观看这种新奇的玩意儿，并乐于亲身体验一下电击的滋味。所以在当时的欧洲，时兴表演电学实验，不仅在实验室、集会厅表演，而且还在街头表演；有些人竟以此为业，带着摩擦起电机和莱顿瓶以及一些简单的器具，到处表演。穆欣布罗克的警告起到了相反的作用，人们在更大规模地重复着这种实验，简直成了娱乐游戏。

有人用莱顿瓶做火花放电杀老鼠的表演，有人用它来点酒精和火药。其中规模最大、最壮观的一次示范表演是法国人施莱特在巴黎圣母院前做的。施莱特邀请了法国路易十五的皇室成员临场观看表演。他调来了 700 个修道士，让这 700 名修道士手拉着手排成长长的一队，队列从头到尾长达 900 英尺，大约有 275 米，可见，队伍是何等的壮观。施莱特从容地指挥着这 700 名修道士，开始了他的表演。他让排头的一位修道士用手拿着莱顿瓶，排尾的修道士手握莱顿瓶的引线，接着他让莱顿瓶放电，就在这一瞬间，700 个修道士因受电击几乎同时跳起来，场面看起来非常滑稽可笑，在场的人无不为之目瞪口呆。施莱特以令人信服的证据向人们演示了电的巨大威力。

18 世纪欧洲盛行的这种电震表演，为电学知识的普及铺平了道路，它使许多人开始对电有了初步的了解。美国的富兰克林就是看到了欧洲人到美洲街头上作这种表演而走上电学研究的道路的。

（二）莱顿瓶引起的兴趣

莱顿瓶的发明使电获得了更大的名声。欧洲进行电实验的消息越过重洋，传到了美国，传到了费城。

1746 年 6 月的一天，美国费城最繁华的中心街道旁挤满了围观的人群。人们正在观看来自苏格兰的史宾斯博士表演"奇怪的戏法"——一种电的实验。其实，史宾斯的表演极为简单，他将利用摩擦产生的电通过导线引入莱顿瓶，然后再把瓶内的电用导线引出来，使导线短路而产生电火花。当人们看到一股股长长的火花出现时，无不感到惊叹。挤在人群中间的本杰明·富兰克林也惊讶地看着这一切。"嘿！这可真是个了不起的发明！"兴趣广泛、精力充沛的富兰克林当时已有 40 岁，他积极地想弄一个莱顿瓶来，也研究一下它的功效。

1746 年，英国伦敦的一个商人、皇家学会会员考林森通过邮寄向美国费城的本杰明·富兰克林赠送了一只莱顿瓶，并在信中向他介绍了使用方法。富兰克林对此极有兴趣，他先对莱顿瓶的功效和放电现象进行了深入分析，等把一切都搞清楚了之后，便开始利用这个神奇的瓶子开始进行一系列的静电实验。

有一天，他在家里研究起莱顿瓶来，他把摩擦起电机产生的电用导线引入莱顿瓶，然后开始让莱顿瓶放电，用放电时产生的电火花来杀伤动物。由于杀伤动物需要很大的电力，所以得不断地摇动摩擦起电机，他自己手忙脚乱地操作这一系列的动作，于是他对站在一旁观看的夫人说："来，你来替我摇这机器。"富兰克林夫人接过摩擦起电机的手柄开始摇起来，摇着摇着，一不小心手将莱顿瓶碰翻，一股强大的火花随之闪现出来，富兰克林夫人当场被击倒在地。这一重重的电击险些夺走夫人的性命，她在床上整整躺了一周。富兰克林在后悔、后怕的同时又联想到了一种现象，他想到天空中打雷时的闪电，当暴风雨来临的时候，伴着轰隆隆的雷声，闪电会将树木击倒，这威力也是够大的了。那么，

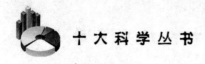

莱顿瓶中险些夺走夫人生命的电会不会同天上的雷电是一样的呢？嗯，太像了！为了解开这一个疑团，他决定做一个大胆的尝试。

（三）捕捉雷电

本杰明·富兰克林出生于波斯顿的一个贫苦家庭里，他的父亲经营制造蜡烛以维持家中众多人口的生活。富兰克林从小喜欢读书，但是他只读了两年书，12 岁时便到他的同母异父的哥哥詹姆士的印刷所当学徒。渴求知识的愿望使他选择了自学成才的道路。他充分利用印刷房和书店的联系这一条件，如饥似渴地阅读了大量书籍。1723 年，他因与哥哥在工作中发生争执而到费城当印刷工。在费城他与朋友们组成了"共读社"进行自学，并将其发展为一个教育青年的学院（宾夕法尼亚大学前身），后来他任该校董事 40 余年，1731 年，他倡议并建成了北美第一个图书馆，并兼任许多社会公职。本杰明·富兰克林是一个杰出的政治家和科学家。

在富兰克林的时代，人们对电的了解还是不够多，对天上的雷电更是迷惑不解，他们惧怕雷电，少数人认为雷电是"毒气爆炸"，多数人则认为是"上帝之火"。人们望着阴云密布的天空中，闪闪发光的雷电，心中充满了恐怖，充满了疑惑。那么，雷电究竟是什么呢？它那么高高在上地发生在天空中，人们够不着，也摸不到，要想研究它，就要把它引到地上来。这可太难了，多少人连想都不敢想。

莱顿瓶现象使富兰克林自然地想到天空中的闪电是否具有电的本质。他决心弄清楚雷电的电与莱顿瓶中的电究竟有什么区别。富兰克林整日整夜地想着他的宏伟计划。可是，怎样把天电引到地上呢？他坐在屋前的旷野边，望着高高的苍穹，却想不出一个办法来。突然，他看见远处一群孩子正在你追我赶地放风筝，一个个风筝在高高的天空中飘来飘去，一个比一个飞得高，孩子们正在比试着……有了，风筝！就是它，它可以把天上的雷电引下来。

富兰克林开始着手制作他的风筝。他和儿子一起到郊外拾来一些杉树枝，风筝就用杉树枝做骨架，扎成菱形，然后蒙上一层不易湿透的绸子，风筝的上端装了一根一英尺长的尖铁丝，把它和牵风筝的亚麻线系在一起，亚麻线的下端接在一段不长的丝绳上，以便将风筝拉住，丝绳的末端拴一把金属钥匙。

1752 年 7 月，在费城下大雷雨的一天，46 岁的富兰克林领着儿子急急忙忙来到牧场，把准备好的风筝使劲地抛向了天空

1752 年 7 月，在费城下大雷雨的一天，46 岁的富兰克林领着儿子急急忙忙来到牧场，把准备好的风筝使劲地抛向了天空，口中喊道："飞吧！"儿子威廉手里拿着线团使足了劲往前跑，风筝在大雨倾盆的空中张开了。本杰明·富兰克林从儿子手中接过了风筝线说："给我，你到那边避避雨。"说着，雨却越下越大。"咱们一起到那边棚子檐下观察吧。"威廉拉着爸爸一起到附近的一所棚子的檐下进行观测。他们用手紧紧握住风筝下边的丝绳，怕它被雨点打湿了，因为丝绳牵着风筝。父

子俩在屋檐下紧紧地盯着暴风雨中的风筝，不一会儿，风筝飞入了一块雷云之中，闪电在它周围闪烁，雷声隆隆，但没发生任何情况。威廉焦急地望着爸爸："怕是这种办法不灵吧？爸爸。"富兰克林看看儿子，沉着地回答说："再等等，咱们先不要放弃，说不定一会儿就会有奇迹发生。"一会儿，闪电又出现了，"啪"，闪电击中了风筝框上的金属线。突然，亚麻线上有几处散开的纤维直竖了起来，而且能够被手指吸引，是一种看不见的力量使它这样。富兰克林用食指靠近钥匙圈，骤然间，一些电火花从他的食指上闪过，与摩擦生电时产生的电火花一样。他抱起儿子大喊到："电，天电捕捉到了！"富兰克林被这巨大的兴奋激励着，竟然忘记了这猛烈的电击所带来的身体上的不适。很幸运，闪电很弱，他没有受到什么伤害。

天电就这样被勇敢执著的父子给引下来了。这个实验非常清楚地证明了天空中的闪电就是一种放电现象，只不过其规模更大，更有声势罢了。

天电终于引下来了，但是富兰克林并没有就此善罢甘休。没过几天，又是一个雷雨交加的傍晚，他带着儿子，拿着事先准备好的莱顿瓶和他的风筝来到郊外，和上次一样，他们还要继续实验，不过，这次不是尝试，而是要把天电引到莱顿瓶中，拿回去研究它。当"劈啪"一声响过后，一朵蓝色的火花从铁钥匙头上跳了出来。他的手臂一阵发麻，"快，把莱顿瓶拿来！"威廉迅速地递过来事先准备好的莱顿瓶，他把风筝上的钥匙串和莱顿瓶连接起来。他惊喜地看到莱顿瓶充电了。电在瓶里积蓄起来。他们高兴地把它拿回家告诉夫人："这是天上的电啊，我要用它来做实验，看看它和地上的电有什么不同。"

富兰克林用天电做的第一个实验是用它引燃物体。他将莱顿瓶中的天电进行放电，当有火花产生时，把事先准备好的酒精拿来，酒精在电火的引燃下，熊熊地燃烧起来了。接着用它来做杀伤动物的实验，先用它来杀伤火鸡。在实验的时候，他一不小心用手触到了天电，富兰克林当场晕了过去，当他醒来时，看着周围惊慌失措、为他难过的亲人们，他却说了一句笑话："好家伙，我本想电死一只火鸡，结果差点儿电死一个傻瓜。"一句开心的话，引出了大家脸上的笑容，也反映了富兰克林为科学研究不顾个人安危的献身精神。天电就是电，这是确定无疑的了。

（四）电学事业的第一位献身者

富兰克林的风筝实验震惊了全世界。几千年来，人们只知道雷公电母的神话传说：要是人做了坏事，触怒了天神，就会雷声隆隆，电光闪闪，把树木烧焦、房间击塌、人畜打死。人们畏惧神灵的威力，只能祈求上帝保佑。如今，富兰克林揭示了雷电的真正面目，证明了雷电不是什么天神作法，而是天上带电的云相遇而产生的一种强烈的放电现象。富兰克林为科学事业不顾个人安危的献身精神，也激励着同时代人的奋斗热情。当富兰克林父子费城实验的消息传到俄国圣彼得堡以后，俄国科学院院士里赫曼和罗蒙诺索夫也来做这个实验，他们想把天电大量地引到地上来，因此他们的装置已不是简单的莱顿瓶和一只带有钥匙串的风筝。他们设计并制作了一种叫"雷机"的装置，想用它来把天电引下来。

他们把导线的一端接到实验室的实验电器上。1753年7月26日，当一场大雷雨即将来临时，坐在雷机旁的里赫曼俯身看雷机上的仪器的指针，刹那间，一个球形闪电突然从仪器跳到里赫曼头上，当场将他击毙。等罗蒙诺索夫闻声赶到时，已经为时太晚，无法挽救了。里赫曼就这样献出了自己宝贵的生命，成了探索电学事业的第一位献身者。

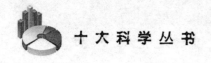

六、把上帝和雷电分家

若能把天电引到地上来，它可以服务于人类，听从人类的指挥。但是人们更多的是领教了天电给人类带来的危害，多少高楼建筑在夹着隆隆雷声的电火中，顷刻间化为乌有，有多少无辜的生命死于天电所引起的熊熊烈火之中。人们面对着这灾难的深渊，畏惧、诅咒都无济于事。

我国古代的劳动人民在长期的实践中早就观察到了一种特殊的现象：尖端物体在大气中有时会在它的周围产生火花。人们常常发现，夜晚作战时长矛的尖端有亮光发出，这就是尖端放电现象。今天我们知道，尖端放电是由于空气中的大气电场在物体各部分感生的电荷分布不平衡所造成的。在物体的尖端部分，感生电荷特别集中，形成了局部强电场，强电场达到可以击穿空气的时候，空气就会发光、放电。

富兰克林在证实了雷电就是电以后，并没有为他的惊人发现而自我陶醉，他要将他的知识造福于人类。他想，既然天上的电与地上的电是一样的，那就可以设法"驯服"它，不让它随意施虐，危害人类。富兰克林根据尖端放电的原理，大胆地向世人宣告，在建筑物的外面最高的地方装一个不必太大的铁棒，它就会把雷电引向能容大量电荷的大地，从而可以保护建筑物免受雷击。于是，人们纷纷在墙壁或烟囱上装上一根铁棒，棒的下端连接一根用绝缘材料包裹的金属线，这根长长的金属导线连通到地下。这样，当雷电轰鸣时，天上的电就会被这个金属棒吸引，顺着导线直通到地底，从而保证建筑物安然无恙。富兰克林把这根金属棒称为"避雷针"。不久以后，避雷针在德国、法国、英国出现了。就连起初猛烈攻击避雷针是侵害神意的教会，最后也在教堂上安装了避雷针，至今它仍是千万幢楼房和高塔的"保护神"。

避雷针的发明是 18 世纪物理学实验取得的一个极大的成功，也是电学研究第一次找到了实际的应用。一根针，驯服了雷电，破除了迷信，不知拯救了多少生命，使多少房屋建筑免遭焚毁和破坏。富兰克林对人类社会的这一贡献，人们是永远不会忘记的。人们称颂他"把上帝和雷电分了家"。

少年朋友们，电是我们今天最熟悉的事物之一，我们今天可以随意自如地应用它，让它为人类造福，这是因为我们了解了电的现象，认识了电的本性。但是，在认识电的漫长征途上却涌现许许多

避雷针的发明是 18 世记物理学实验取得的一个极大的成功，也是电学研究第一次找到了实际的应用。一根针，驯服了雷电……

多可歌可泣的勇于为科学献身的科学家们。他们吃苦耐劳、勤于探索的精神，正是我们应该具备的。人类对大自然的认识还远远没有结束，许多未知领域的大门等待着你们去叩开。所以，从现在开始，你们就应该以科学前辈为榜样，努力学好科学文化知识，培养坚强的意志和为科学贡献一切的精神，去迎接 21 世纪的挑战。

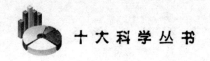

宇称守恒定律的推翻

——吴健雄的弱相互作用实验

我们所处的世界，错综复杂，周围的一切都在瞬息万变。然而变中蕴含着不变，各种不变的东西是什么呢？那就是物质运动的规律。物理学的一个任务就是在"万变"中寻求"不变"，即所谓的"守恒"。

物理学中有许多守恒定律，最熟悉的有能量守恒定律、动量守恒定律、角动量守恒定律、电荷守恒定律；在基本粒子世界中还有各种粒子数守恒定律、同位旋守恒定律、宇称守恒定律等等。然而，为什么会有这些守恒定律？哪些守恒定律是"不验自明"的呢？这只有到了 20 世纪以后，人们在十分坚实的实验基础上才回答了这些问题。

一、特别的旅行

1956 年 12 月 24 日，美国首都华盛顿下起了一场大雪，风雪使得国家两个机场关闭，许多来往华盛顿—纽约间的旅客，都拥向华盛顿的联合车站，改乘火车回纽约。

那天夜里，一位身材娇小的中年东方女性，也挤在人群当中，独自一人买票，坐上当晚开往纽约的最后一班火车，她的服装行动举止都没有引起任何人的特别注意。

也许旅客们是应该注意到的，因为与他们同行的这位女士不仅是当时世界物理学界相当出名的一位实验物理学家，而且她的这趟旅行，对于人类科学的历史，也有着特别不同的意义。她这次带回纽约的实验结果，使得20世纪的物理学进展发生了革命性的大改变。这位女科学家就是吴健雄。

也许有人会知道，吴健雄很早便有"中国居里夫人"的称号。有些专家甚至认为，她对人类物理科学的贡献比居里夫人还大。

吴健雄是1936年到美国的。她在1940年获得博士学位时，在科学研究上的见识和成就，已赢得美国最有盛名的大科学家奥本海默和劳伦斯等人的高度赏识，也正因如此，她居然以一个还未入美国籍的外国人身份，参加了美国最机密的造原子弹的"曼哈顿计划"，而且对计划作出极关键的贡献。

事实上，吴健雄一生一直是潜心原子核物理的研究。在这一领域中，她有许多影响深远的重大成就，她一生中得到了许多除诺贝尔奖之外的大奖，这些由世界一流学术组织和大学颁给的奖章和荣誉学位，可以写成一份长长的记录。此外她还打破美国普林斯顿大学百年传统，在1958年成为头一个获得该校荣誉博士的女性，1975年她再一次打破美国物理学会一向由白种人男性担任会长的传统，成为该学会第一位女性会长。

由于在物理学上的杰出贡献，加上对美国物理学界的深远影响，吴健雄除了被誉为"中国居里夫人"之外，在美国还享有"物理研究的第一女士""核子研究的女王"以及"世界最杰出女性实验物理学家"的称誉。

吴健雄这次带回纽约的实验结果，使1957年成为中国人在人类近代科学进展历史中，具有特殊意义的一年。就在这年，首次有两位华裔

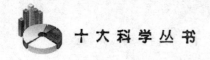

吴健雄除了被誉为"中国居里夫人"之外，在美国还
享有"物理研究的第一女士"……的称誉

科学家以革命性的深邃理论成就，得到了在世界科学界有至高地位的诺
贝尔物理奖。这两位物理学家就是目前在美国纽约州立大学石溪分校任
教授的杨振宁博士和纽约哥伦比亚大学教授李政道博士。他们对于长久
以来科学家一直深信的一个科学观念——宇称守恒，提出了大胆而革命
性的质疑。他们的质疑由于最先得到吴健雄实验结果的明确证明，而成
为物理学上的一个新观点。他们两人也因而得到诺贝尔奖的殊荣。

二、奇异粒子

寻找物质的基本构成物，一直是西方科学的一个主流方向。西方科学由希腊时期起始，就有了物质是由原子构成的说法。最早"原子"这个词，在希腊文中就是"不可分"的意思。这种原子是构成物质最小基本单元的观念，到 1911 年英国科学家卢瑟福在曼彻斯特大学发现原子中还有原子核以前，一直是科学家深信不疑的。

接着科学家又发现，原子中还有带正电的质子和带负电的电子。起初人们以为，质子和电子都是在原子核里面，后来发现这个想法无法圆满解释一些问题。1932 年，英国科学家查德威克发现了不带电的中子，并且确定了在原子核里面只有质子和中子，电子是环绕在原子核外做高速运动的。同一年，美国加州理工学院的科学家安德森，在探测来自太空的宇宙射线的仪器中，看到了一种新的粒子。这是人类从来没有发现过的一种东西，一种"反物质"。

这个粒子是电子的反物质，叫做正电子或正子。前四种粒子即质子、中子、电子、正电子，加上爱因斯坦早在 1905 年提出以颗粒学说来解释光的一些特性，而得出传送光的粒子——光子，到 1932 年底，科学家已知的基本粒子，一共有了五种。

到了 20 世纪 60 年代，基本粒子的数目增加到几十个之多，这种数目的多少，与科学家对"基本"的定义有关。现在粒子物理学家一般认为的基本粒子，有轻子、夸克和规范玻色子。轻子和夸克各由三个家族组成，规范玻色子则是传送宇宙四种基本作用力的粒子。这种把轻子和夸克当做基本粒子，加上四种基本作用力来解释物质现象的说法，物理学家称之为标准模型。

太空中由于星球燃烧爆炸，会放出许多高能量的宇宙射线。自从 1910 年科学家首次在巴黎艾菲尔铁塔上使用探测仪器得知这种宇宙射线存在的可能后，就开始在法国阿尔卑斯山、美国洛基山、南美安第斯山等高山以及高的建筑物上来进行探测，甚至还利用气球、飞机载着仪器升空，去探测这种射线。当时科学家用来在地上探测宇宙射线的仪器

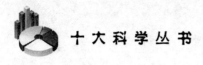

叫做"云雾室"。"云雾室"中的"云雾状物质"会在高能量宇宙射线经过的地方，变成带电状态而显示出宇宙射线的轨迹来。安德森的正电子就是这样发现的。有很长一段时间，宇宙射线是科学家获得一些生命期限很短的新粒子的主要来源。但是，由于这些宇宙射线飞越遥远距离，又受到地球大气层和地球磁场的影响，数量和能量都不容易控制。因此利用宇宙射线来研究一些新粒子的特性，并不是十分方便和准确的办法。

于是便有了人造高能粒子束的构想，这就是加速器。头一个加速带电粒子到相当高能量的加速器是 1932 年两位英国科学家柯克考夫特和瓦顿利用电场和磁场加速带正电质子完成的。这种类型的"柯克考夫特—瓦顿"加速器，就是现在所谓直线加速器的初始原型。这种直线加速器由于在增加能量上碰到问题，于是一种新的构想，将带电粒子在一个圆形轨道中加速的概念出现了。

最先成功地利用这一概念发展成一个高能量圆环加速器的科学家，正是曾经做过吴健雄老师的劳伦斯，他所设计和制造的回旋加速器，不但大大改变了粒子科学研究的面貌，也替他赢得了 1939 年诺贝尔物理学奖。到了 20 世纪 50 年代，两座回旋加速器先后完成，开启了粒子物理实验的一个崭新的局面，也促成了杨振宁、李政道在理论研究上取得极大进展。

其实，在加速器研制成功以前，科学家已经在宇宙射线的探测中，看到许多新的粒子，这些粒子由于没有理论预测过它们的存在，因此被称为"奇异粒子"。"奇异粒子"最早是由两位英国实验物理学家罗契斯特和巴特勒 1947 年在观测宇宙射线的云雾室中看到的。这种"奇异粒子"和普通的物质似乎很不一样。一般说来，普通物质是由质子、中子和电子组成，但是普通物质被高能量质子撞击的时候，撞击的"碎片"中就会产生出"奇异粒子"。在许多的"奇异粒子"当中，最引起科学家兴趣的有两种粒子。这两种粒子分别被命名为 θ（希腊字母，读作西塔）和 τ（读作套）。

三、寻找解开 θ—τ 之谜的路径

（一）"θ—τ 之谜"

θ 和 τ 这两种粒子，都是由宇宙射线撞击一般物质，或者加速器中高能量粒子撞击普通物质的"碎片"中产生的。它们存在的生命期很短，会很快地转变成生命期较长的粒子，这种转变现象在物理学上叫做"衰变"。物理学家也正是看到它们衰变出来的产物，才推知它们的存在。θ 和 τ 这两种粒子具有一些奇特难解的特性，这些特性被当时科学家称为"θ—τ 之谜"。

"θ—τ 之谜"困惑科学家的地方，在于 θ 粒子的衰变会产生出两个 π 介子，而 τ 粒子衰变，则会产生出三个 π 介子。介子是日本第一位诺贝尔奖获得者汤川秀树在 1934 年首先提出理论预测它的存在。这种在粒子衰变中起传送作用的粒子，后来被实验证实确实存在，汤川秀树因此得到了 1949 年的诺贝尔物理奖。π 介子正是这类介质中的一种。

θ 和 τ 这两种粒子，经过许多物理实验证明，测量的结果都显示出这两个粒子具有相同的质量和生命期，似乎是同一个粒子。而物理学家们利用普遍被接受的物理定律去分析时，又得出这两种粒子不可能是同一个粒子。这两种相互矛盾的结果，正是产生所谓"θ—τ 之谜"的原因。起初，由于对这两个粒子质量和生命期测量的准确性不高，所以当时大多数科学家都比较相信，θ 和 τ 事实上是不同的两个粒子。其实，说 θ 和 τ 是两个不同的粒子，是解决它分别变成两个 π 介子和三个 π 介子"θ—τ 之谜"的最方便办法。但是，科学家显然不愿意如此简单

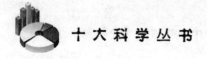

θ和τ这两种粒子具有一些奇特难解的特性……

了事。

为了对θ和τ这两种"奇异粒子"作精确的测量，于是就利用加速器来进行研究，因为加速器可以产生数量极多，而且能精确测量控制的粒子数。这种研究"奇异粒子"的状况当时非常热，1956年下半年，纽约长岛布鲁克海汶国家实验室的加速器有60％的机器运转时，都用于进行这种研究。可见，"奇异粒子"在当时是人们非常关注的焦点。

在利用加速器对θ和τ这两种"奇异粒子"的作用和衰变进行详细而精确测量之后，科学家发现，它们确确实实有着相同的质量和寿命，也就是说，这两个粒子似乎为同一种粒子。后来，这两种粒子被称做k介子。

一个相同的粒子却产生两种不同的衰变模式，以当时的物理理论这是说不通的，因为它违背了大家都承认的宇称守恒定律。于是，理论物理学家便提出各种想法，试图解释这个问题。1956年4月，在美国纽约州的罗契斯特大学举行的第六届罗契斯特大会上，杨振宁就"奇异粒子"问题做了报告，杨振宁在报告中提出了一个问题，他说：会不会 θ 和 τ 是同一种粒子的不同宇称状态？而它们没有特定的宇称，也就是说，宇称是不守恒的。这就是说，自然界中是不是有一种单一确定右手和左手的方式呢？杨振宁说他和李政道曾经研究过这个问题，但是并没有得到确定的结论。

（二）宇称及宇称守恒

在"θ-τ"之谜的问题当中，由于 θ 和 τ 这两个粒子衰变模式不同，以至于这两个粒子在衰变中有了不同的宇称值。那么，宇称又是什么东西呢？

简单地说，宇称就是一种空间的左右对称。对称是我们非常熟悉的概念，比如说，一个圆形图片，当把它绕着中心转动到任何位置，圆形的任何部分都能保持重合，这时我们说这个圆关于圆心对称。在物理学中，所谓的对称性就是指物理规律在某种变化下的不变性。例如，就能量守恒定律而言，与其相应的对称性就是时间平移不变性，也就是时间的均匀性。比如，在实验室中做某一实验，不论今天做还是明天做，不论是今年还是十年以后再做，只要实验条件没有改变，所得的实验结果都是一样的。这就意味着，不论时间的起点如何挪动，物理规律的具体形式总是一样的。而时间平移不变性之所以必然导致能量守恒定律，是因为要使体系在时间的任何变动下均不受影响，这个体系必须处于孤立状态，因而总能量必定守恒。

同样，同一个物理实验不论放到哪里去做，都应该得出一样的实验结果。也就是说，空间位置的平移，不改变物理规律的形式。这种空间平移不变性，或者说空间的均匀性，必将导致动量守恒定律。这是因为要使体系在空间坐标原点作任何平移下而不受影响，体系必须不受外界的作用，从而体系的总动量必须守恒。这种在牛顿力学中一直成立的定律，到讨论比原子还小的粒子的量子力学以后，便引入了宇称守恒的观念。

宇称守恒定律是说，物理定律在最深的层次上，是不分左右的，左边和右边是没有区别的。所以宇称守恒又有一种说法叫做"镜像对称"。也就是说，依这个定律，在原子的内部世界，一物体及其左右相反的镜像，所发生的作用是相同的。我们可以这样说，一个人站在镜子前面，一手拿着螺丝起子，一手拿着一个瓶子，他要用起子开启这个瓶子。如果将它按顺时针方向旋转，直到打开瓶塞，那么在镜子中，这个行动看起来是沿着逆时针方向进行的，但结果都是打开了瓶塞。如果这个站在镜前的人和他在镜中的像，都是分别存在的真实人物，当他们是用相同的力，而都使瓶塞打开的话，那么我们可以说，这个用力于瓶塞的作用是宇称守恒的。

（三）向历史挑战

宇称守恒原本是研究物理的人一致相信的原理之一，这已是历史的定论，要对这个物理学上相当基本的原理发生怀疑，是非比寻常之举。因此尽管由于奇异粒子在实验中显现出不可解的现象，引起了对宇称守恒诸多质疑的讨论，但是到最后却没有谁真正深入地去探究，原因就是，宇称守恒定律这棵大树太强壮了，面对摧毁它的困难，大多数人们还是望而却步了。

最后向这个原理提出挑战的还是华裔物理学家杨振宁博士。杨振宁认为，由于时间和空间的对称，在原子、分子和原子核物理中极为有用，这种有用的价值，使人们自然地假定这些对称是金科玉律。另外，由于宇称的定律在原子核物理和 β 衰变上，也一直都用得很好，因此要提出宇称不守恒的想法，会立即遭到强烈的反对。杨振宁认为，在这当中特别重要的一个关键想法，是把弱相互作用中的宇称守恒和强相互作用中的宇称守恒分开来看待。没有这个想法，对宇称守恒的所有讨论，都会碰到观念和实验上的困难。

罗契斯特会议之后，杨振宁和李政道继续研究"θ—τ之谜"的可能解答。那时候，杨振宁在奥本海默主持的普林斯顿高等研究所。4月初，春季学期结束后，就转往位于纽约长岛的布鲁克海汶国家实验室做暑期的访问研究。他继续保持和李政道每周两次的会面，那时李政道在纽约市的哥伦比亚大学。

1956年4月底的一天，杨振宁开车由长岛的布鲁克海汶国家实验室到哥伦比亚大学，两人原本计划到百老汇大道和125号街口一家中国餐馆进午餐，由于餐馆还未开门，他们便把车停在餐馆前，走到附近一家白玫瑰咖啡室，继续他们在车上的谈话，然后再转到那家中国餐馆接着讨论。午餐后他们回到李政道在哥伦比亚大学的办公室，热烈的讨论延续了整个下午。杨振宁和李政道这次讨论最关键的突破是把宇称守恒是否成立，单独地放在弱相互作用中来看待。

这种想法，现在看来也许像是显而易见的，但在当时，却完全是另外一回事。杨振宁在后来回顾当时的心路历程时说，研究像θ和τ之谜这样的问题，一个人完全不知道到哪里去找答案，因此就很难集中在任何一个单一方向上去做研究。一旦一个人得到了解答的线索之后，他就能集中他所有的力量在求解答的工作之上。但是在那之前，他的思想总是在不同地方停留，无法清楚确定任何事情。

物理学是一门实验科学，理论家尽管可以说得天花乱坠，如果没有实验的证据，总还是不完全的。杨振宁和李政道两人在弱相互作用中去向宇称守恒挑战的想法已经确定，下一步便是寻找能得到证明的实验依据。他们非常幸运碰到了吴健雄这样一位在弱相互作用实验方面的权威。吴健雄对这个问题的重要性有相当清楚的认识，并且有坚持去弄清楚的决心。于是杨振宁、李政道两人的理论便很快就有了肯定的结果。

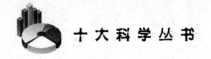

四、疯狂的实验

（一）知难而进

吴健雄1944年初到哥伦比亚大学时，先是在"曼哈顿计划"中工作，到1945年战后，便开始全身心投入β衰变的研究。1952年她成为哥伦比亚大学物理系副教授以前，她的实验成就早已经使她成为在β衰变研究方面的世界一流的权威专家。

由于这个缘故，杨振宁和李政道决定要从弱相互作用入手检验宇称守恒定律时，自然就会想到去和研究β衰变的权威吴健雄讨论，原因是β衰变正是一种重要的弱相互作用。于是，在5月里的某一天，和吴健雄同在哥伦比亚大学的李政道从他在物理系普平物理实验大楼8楼的办公室到13楼吴健雄的办公室去看她。

吴健雄研究的不是粒子物理，对于"θ－τ之谜"的详细情形并不清楚。李政道首先向她解释了"θ－τ之谜"，然后又说明他和杨振宁几经研究，而最后以为宇称会不会只是在弱相互作用中不守恒的怀疑经过。对于弱相互作用中β衰变现象有深刻认识的吴健雄，立即对这个问题发生极大的兴趣。

在原子核实验工作中极有成就的吴健雄，在1956年以前的几年中，注意到英国牛津以及荷兰莱登的低温实验中，新近发展出来将原子核极化的技术，并且发生极大的兴趣。所谓原子核极化，简单说，就是使原子中旋转的电子变成有方向性，从而使原子核有一个方向性。这个技术正是杨振宁和李政道想用以检验宇称守恒几种实验之一的中心技术。吴健雄在了解了这些以后，立即决定，最好是选用钴（C_o^{60}）作为β衰变放射源，去进行检验。这时的吴健雄已经认识到，对于研究β衰变的原

和吴健雄同在哥伦比亚大学的李政道从他在物理系
普平物理实验大楼 8 楼的办公室到 13 楼吴健雄的办公室
去看她

子核物理学家来说，这是去进行一个重要实验的黄金机会，不可以随意错过。她认为，纵然实验结果证明宇称在 β 衰变方面是守恒的，也同样是为这方面的科学论点，设定了一个极重要的实验证据。

当时杨振宁他们也和其他一些实验物理学家谈过了，但只有吴健雄看出了这一实验的重要性。这表明吴健雄是一个杰出的科学家，因为杰出的科学家必须具有良好的洞察力。吴健雄的想法是，纵然得出宇称并不是守恒的结果，这依然是一个好的实验，应该要做，原因是在过去的 β 衰变中从来没有任何关于左右对称的资料。

当时许多物理学家不做这个实验，是因为这个实验确实相当困难。对于实验技术有相当了解的吴健雄，充分地了解这个实验的困难。这个实验将面临两个核子物理实验从未有过的挑战，一是要让探测 β 衰变的电子探测器放在极低温的环境下，还能保持功能正常。另外则是要使一个非常薄的 β 放射源，保持其原子核极化状态足够长的时间，以得到足够的统计数据。尽管困难重重，而且很难说一定会有结果，可是她依然决心立即进行这个实验。

（二）周全的准备

那年春天，吴健雄原本已和丈夫袁家骝计划好，先到瑞士日内瓦出席一项高能物理会议，然后再到东亚地区去做一趟演讲旅行。这是他们1936年离开中国以后，20年来头一次回到东亚去，他们原打算是要到台湾去访问的。为了这趟旅行，他们还订了伊丽莎白皇后号邮轮的票，准备坐船横渡大西洋。吴健雄为了这个实验，只好让丈夫一人旅行。丈夫袁家骝也是一位物理学家，他很清楚立即进行这个实验的重要性，因此便一个人踏上这趟离开故国20年之后，百感交集的归乡之旅。

在这段时间，吴健雄已经为她决意要进行的实验，做了相当周全的准备。她在新出的科学文献中，了解到原子核科学在钴（C_o^{60}）方面最新发展的信息。由于她的实验是结合原子核实验技术和低温物理的技术，因此吴健雄也积极去了解低温物理的知识。

吴健雄本身不是低温物理学家，她知道必须找到对原子核极化有清楚了解的优秀低温物理学家，共同来进行实验工作。

吴健雄所在的哥伦比亚大学有一个低温物理研究组，虽然水准不差，但是规模和设备水准都不够。在华盛顿的国家标准局，是美国国内另一个可以进行以低温环境达成原子核极化的实验室。在那里工作的安伯勒来自英国牛津的克莱文登实验室，而且他是1952年在国家标准局做核极化实验的成员之一。吴健雄一向对科学文献极其熟悉，她知道安伯勒在早几年曾经做过钴（C_o^{60}）极化的实验，因此她便找上了安伯勒，邀请他共同来进行这一个后来改变历史的实验。

安伯勒对这个实验的 β 衰变效应知道不多，他问吴健雄，这会显现出很大的不对称效应吗？吴健雄给了他肯定的回答，这使得安伯勒大感兴趣。在吴健雄找安伯勒合作时，虽然她早已在原子核物理学界享有盛誉，做低温物理研究的安伯勒，却全然不知道她是何方神圣。于是他就打电话给一位原子核物理学家乔治·田默。安伯勒在电话中问田默："乔治，哥伦比亚大学有一位女科学家叫吴健雄打电话给我，她提出的实验十分有趣。告诉我，她有多好？我现在应该去做这个实验吗?"田默说："她是挺厉害的。"于是安伯勒打电话给吴健雄表示乐意共同进行实验。

吴健雄积极进行实验准备之时，杨振宁、李政道的对宇称守恒的质疑已经广为物理界所知悉。但是在那个时候，绝大多数人对于宇称可能会不守恒是极度怀疑的。因此那个时候真正准备进行那个实验的，除了吴健雄之外，大概是寥寥无几了。

从6月初到7月底的两个月当中，吴健雄已经就原子核物理在低温环境中可能有的各种影响，做了再三的试验，详细了解了各种可能性，甚至是极细微的影响效应。吴健雄后来说，如果早知道实验观测到的不对称效应是这么大的话，也许可以免去如此细密的查验工作。但是，她还是认为，周全的准备总是值得尽全力去做的。

（三）艰难的实验过程

吴健雄的实验在概念上是很简明的。主要是利用一个很强的放射源，然后在适当控制下极化这个 β 放射源，使其具有某一个方向性，再放在一个利于观测的环境中，测量这个放射源是不是有一种先天的方向性。但是，要检验这个简明概念的实验设计，却是困难而复杂的。

首先，选用钴（C_o^{60}）的原因就不简单。钴（C_o^{60}）每秒钟会放射出上万个电子，是极好的放射源，此外更重要的是其放射电子的衰变，只改变自旋数而不改变宇称。这正是在 β 衰变方面有最权威知识的吴健雄，立即知道要选择钴（C_o^{60}）的原因。

接着就是要使这个放射源极化，使放出的电子有一个方向性。根据安伯勒早些年做出的极化技术，钴（C_o^{60}）放射源必须附在一种晶体表层上，再利用很强的磁场使其放射的电子有一个方向性。为了消除因原子内部扰动造成的干扰，必须将整个晶体和放射源都置于极冷的环境中，要造成这种极冷的环境，除了利用液态氮先将温度降至－270℃左右之外，还要再利用将一个作用在晶体上很强磁场消除的技术，使温度再度下降，达到比－273℃绝对零度只稍高千分之几度的极冷低温。

起初，吴健雄的实验组做了几个具有放射源的晶体，她把这些晶体带到华盛顿，放入国家标准局实验室极冷环境中，发现放射源极化只能维持几秒钟，根本无法进行观测。极化为什么会这么快消失呢？吴健雄查了许多资料，最后找到极化很快消失的原因，是放射源辐射产生的热使温度升高而有扰动造成的。为了解决这个问题，必须用一个大的晶体把整个带放射源的小晶体屏蔽其中，阻隔温度上升。这样一来，他们又面临了生长出大晶体的重大困难。

生长晶体是化学领域中专门的技术。吴健雄请教了一些化学晶体专家，结果发现，要得到实验所需要的那样大小的晶体，必须要有精密的设备和很长时间才能完成。吴健雄那个时候既没有太多经费，时间又相当紧迫。于是她让化学实验助理佛列许曼到化学系图书馆找出所有有关这种晶体的资料。佛列许曼在化学系图书馆书架顶上，找到了一本盖满了灰尘、十分厚重、半个世纪前德国出版的有关晶体资料的参考书。吴健雄在这本书里找到了许多她想知道的关于晶体的知识，凭着这些知识，她和她的研究生在哥伦比亚大学普平物理实验大楼地下的实验室中，开始了生长晶体的工作。起初，她们只能生长出几毫米大小的晶体，但是这种大小不符合实验的要求。

一天晚上，她的一位女研究生毕阿娃提把一些制晶体的化学成分带回家去，她在做晚饭时，把装有晶体成分的玻璃烧杯放在炉台上，由于炉台的温度，在烧杯中融入了大量的晶体化学成分，第二天早上，意外地发现在烧杯中长出了一块1厘米左右的晶体，透明剔亮，十分漂亮。

由于炉台的温度，在烧杯中融入了大量的晶体化学成分，第二天早上，意外地发现在烧杯中长出了一块1厘米左右的晶体

吴健雄见到这个结果，喜出望外，聪明的她马上就想到一个克服困难的办法，就是利用灯光加热并且让晶体均匀冷却的方式，来大量生长晶体。她们在实验室中花了3个星期的时间，得到10个足够大的、完美的单晶。

有了这些被安伯勒称为"像钻石一样美丽的晶体"之后，吴健雄和国家标准局的4个科学家，正式开始他们的实验。科学实验碰上各种困难，本来就是科学家最大的挑战，吴健雄他们从事的实验，由于特别精细和复杂，因此更是遭遇许多意想不到的问题，进展也十分不顺利。

有一次，他们为了将晶体组合起来，形成一个大的屏蔽，必须在晶体上钻孔，再将之粘合起来，他们得到晶体专家的意见，才知道要用压力向内的牙医牙钻钻孔，才不会使很薄的晶体崩裂。而粘合晶体的粘接剂，在极低的温度中会失效，他们又改用肥皂，甚至用尼龙细线绑住。另外，如何克服在液态氮低温下，液体变成超流体而引起的外泄问题，以及如何将在低温环境的 β 衰变的测量，利用一枝长的透明树脂棒导出观测等，都花了相当多工夫。凭着吴健雄和国家标准局 4 位科学家过去的多年经验，才一一克服了这些困难。

在实验的进行过程中，由于吴健雄在哥伦比亚大学还有教学和研究工作，因此每个星期总是华盛顿和纽约两头跑，并不是所有的时间都在国家标准局的实验室。11 月间，实验显示出一个很大的效应，大家都很兴奋，吴健雄得到消息赶紧赶过去，一看，觉得那个效应太大，不可能是所要的结果。后来，他们检查了实验装置，发现这个太大的效应果然是由于里面的实验物件，因磁场造成应力而塌垮了所造成的。他们经过重新安排，到 12 月中旬，再次看到一个比较小的效应，吴健雄断定这才是他们要找的效应。

吴健雄一向是以实验谨慎精确著称的，因此尽管他们找到了初步结果，但是她的态度依然是谨慎的，她认为在向外宣布结果以前，必须经过更多更精确的查证。在这同时，吴健雄还指导她的研究生，开始进行一些数据处理及计算，看一看实验数据是否真正显示了 β 衰变的宇称不守恒效应。

（四）宣判宇称定律死刑

随着吴健雄实验的进展，物理学界已渐渐开始有更多人谈论这件事，不同的故事和传言纷纷出现，形成了一种极端热烈的气氛。但是有很多很有名气的科学家都认为检验弱相互作用中宇称是否守恒的实验是一个疯狂的实验，做这个实验的人简直是浪费时间。就连在美国科学界才华横溢、以质疑尖锐、一生轶事多著称的费曼还提议，以一万比一来赌这个实验绝不会成功。

吴健雄在外界的巨大压力之下，一点儿也没有掉以轻心。1956 年圣诞节时，他们的实验差不多已经是成功了。但是吴健雄十分担心，一方面她很难相信自然会有如此奇怪的现象，另一方面也怕他们在实验中犯了什么错误，于是她决定暂时不向外界透露实验的结果。

吴健雄在1月2日那天，从纽约回到华盛顿的国家标准局。她和4位合作者再次详细核验他们的实验。由1月2日到8日，是他们实验工作最繁忙的一段时间，他们一次一次地把温度降到液态氮的低温，检验所有可能推翻他们结果的因素。那时候，研究生哈泼斯总是用一个睡袋睡在实验室地板上，每当温度降到所需的低温，他就打电话通知吴健雄和其他3人，在寒冷的冬夜里，赶到实验室去工作。

1月9日凌晨两点钟，他们终于将预定要进行的实验查证全都做完，5个从事这项实验的科学家聚在实验室中，庆祝这个科学史上的伟大时刻。哈德森笑着打开他的抽屉，从里面拿出一瓶法国红酒和几个纸杯放在桌上，然后他们为推翻宇称守恒定律而干杯。他们高兴地欢呼着："好了，β衰变中的宇称定律已经死了！"

五、伟大的对称性革命

对一般人来说，宇称不守恒也许还是晦涩难懂，对于科学家来说，这却是无可比拟的一个重大的革命性进展。吴健雄在完成实验后，有两个星期的时间完全无法入睡。她一再地自问，为什么老天爷要她来揭示这个奥秘？她说："这件事给我一个教训，就是永远不要把所谓'不验自明'的定律看做是必然的。"

宇称不守恒的科学革命，当时被认为是那个10年中，物理学上最重要的一项科学成果。吴健雄在柏克莱时代的老师塞格瑞，在他写的一本书中说，这可能是战后最伟大的理论发现。在这项革命中有关键性贡

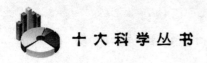

献的吴健雄，在 1962 年当选纽约市年度女性之后，接受访问时说起这项科学成就的意义："从 1956 年以后，那方面的研究又有许多进展，但是没有人知道会发展到什么情况。就好像在 1906 年间年轻的爱因斯坦，他的公式 $E=mc^2$ 会有什么用处一样。这花了 35 年，直到芝加哥史塔格体育场下头一个发应器建立起来，才得到了答案。"

宇称不守恒的科学变革，不但在科学上影响深远，对中国人更有不同的意义，对中国在科学文化上也有特殊的意义，原因是对这个科学成就作出最大贡献的，正是 3 位华裔科学家。

这三位华裔物理学家的成就显现出，如果中国这个伟大的国家，恢复其作为一个世界文明领导者的历史角色之后，对物理学作出的贡献可能会更加令人震撼。那时世界各国人民将会像早期欧洲旅行者目击当时中国的光辉文明那样，惊讶不已。

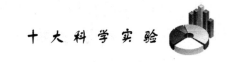

打开原子核结构的大门

——中子发现实验

电子、放射性和 X 射线的发现，就像给人类一把"金钥匙"，打开了通往微观世界的大门；卢瑟福提出的"原子有核模型"开创了人们正确认识原子结构的新纪元。20 世纪的物理学，已经超出了经典物理的范畴，并以雄健的步伐跨进了微观世界的腹地，许多令人振奋的发现接踵而来。1932 年，查德威克发现了中子，由此澄清了原子核结构问题，完成了一幅由电子、质子以及中子组成的原子图像。中子的发现，无疑是这幅图画中最精彩的一笔。有人甚至把中子发现的年份看做是原子核物理诞生的年份。回顾中子发现的历史，曲折而富有戏剧性，发人深思，它的意义是非常深远的。

一、中子发现的前夜

任何新事物的诞生都是有背景、有原因的，中子的发现也是一样，它是历史发展的必然产物，也是应运而生的新事物。我们已经知道了卢瑟福在大量的实验事实的基础上提出了原子有核结构的模型：原子有核，核外有电子；核电荷数与核外电子的电荷数相等；电子就像太阳系

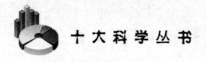

的行星那样沿着各自的轨道绕核旋转。所以，卢瑟福的原子有核模型也称为"行星模型"。

对于这个"行星模型"，大家都非常关心的一个问题是：原子核电荷有多少？它和核外电子数有什么关系？

1911年，英国的物理学家C.G.巴克拉在实验时注意到各种不同原子所发射的X射线，在穿透物质时，其穿透力不相同的物理现象。后来，巴克拉把它叫做元素的"特征X射线"。1913年，英国的物理学家H.莫塞莱对X射线与各种原子的作用作了深入的研究，并取得了出色的成果。莫塞莱准确地测出了各种原子的特征X射线，同时他还发现：原子量越大的原子，它的特征X射线的波长就越短，这种情况形成了一个很明显的规律，以至可以按照各种元素的特征X射线的波长大小，给出元素的排列顺序。莫塞莱还建议：按照特征X射线的波长由大到小的顺序来确定原子序数。他还断定，原子序数就是该元素的核电荷数。根据莫塞莱的这种排列顺序，在当时的元素周期表中至少还有七个空位，它们的原子序数分别是43（锝）、61（钷）、2（铪）、5（铼）、5（砹）、87（钫）、91（镤）。果然，到1946年止，这些元素都被陆续发现了。

1916年，德国化学家科塞尔正式把原子序数引入元素周期表，并以它代替门捷列夫的原子量。这种排列，显示出元素的物理性质和化学性质随原子序数的增加而周期地变化，也就是元素的物理性质和化学性质随着核电荷数的增大呈现周期性的变化。这一发现，引起了人们的极大兴趣，它还导致了许多自然科学家对原子核结构的探讨和猜想。

对原子核结构最早提出设想的是居里夫人，即玛丽·居里。她在一次会议上曾提出过：原子核应由带正电的粒子和电子所构成的。居里夫人的设想在当时得到许多物理学家的支持，因为它能解释放射性物质既能放出α粒子，又能放出β射线的事实。可是，当时更多的物理学家对

对原子核结构最早提出设想的是居里夫人

原子核的电荷发生浓厚的兴趣，他们想：原子核中的电荷是什么东西？原子核到底是由什么组成的？

要想揭示原子核究竟是由什么组成的，就必须将原子核打破，看看会产生什么。1917 年，卢瑟福第一次成功地实现了核裂变，当时他还在曼彻斯特大学。有一天召开战争研究委员会会议，卢瑟福迟迟不到，等他到了会场后，他解释说："我是在进行表明原子能够人为裂变的实验。如果实验能成功，这可远比一场战争要重要得多！"

还是在很早的时候，卢瑟福就注意到，涂覆有 α 发射体镭的衰变物的金属源，总是产生一些能使硫化锌荧光屏闪光的粒子，这些粒子所穿行的距离超过 α 粒子在空气中的穿行距离。卢瑟福在磁场中研究了这一现象，发现造成闪烁的这些粒子是氢的原子核，也就是我们今

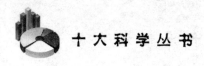

天所说的质子。可是，这些质子是偶然出现于金属源上的氢原子受 α 粒子碰撞而产生的反冲核，还是从比氢更重的元素中打出来的呢？一定要搞清楚！

卢瑟福将一个镭放射源放入一个抽成真空的金属盒内，盒上的小孔用一块非常薄的银板覆盖。银板会让 α 粒子逸出并打到硫化锌板上，也能防止空气进入盒中。卢瑟福在银板和硫化锌屏之间放置了各种金属箔，或让各种气体进入金属盒，在这些不同的情况下，观察闪烁次数的变化。结果，他发现在大多数的情况下，闪烁率与金属箔或气体的阻止能力成比例地减小。然而当把干燥的空气注入金属盒，闪烁率却猛增！卢瑟福用组成空气的氧、氮等重复这一实验，最后得出结论，闪烁效应是由于镭放射源发射的 α 粒子与空气中的氮原子核发生相互碰撞所造成的。

卢瑟福的发现是氮原子核的裂变过程，在这一过程中，一个 α 粒子撞入氮原子核，并打出一个质子。就这样，粒子打碎了氮的原子核，实现了原子核的人工裂变。但遗憾的是，发现由氮核打出的质子，以及长期观察到的原子核作为 β 射线发射电子的现象，只是有利于证实原子核由质子和电子构成的一般观点。实现原子核的人工裂变，这是个令人鼓舞的发现，在这种喜庆的氛围下，当时的物理学界接受了原子核结构的"质子—电子"模型。

二、中子的假说

伟大的实验物理学家卢瑟福在大量的实验基础上，预言性地推断了几种原子核的结构模型。有关原子核中存在中性粒子的第一个假说是他于 1920 年 6 月 3 日在英国皇家学会举行的贝克里安讲座的著名报告中，以丰富的想像力提出的，他说："在某些情况下，也许由一个电子与质子更加紧密地结合在一起，组成一个中性复合粒，要解释重元素的组成，这种单独的中性粒子的存在看来几乎是必要的。"这就是他的新原子核模型之一——"中子"，它的原子量为1，电荷为零，他仍然将这种"中子"描绘成一个质子和电子的合成体。当时任何人都完全不清楚，为什么一个原子中有些电子会被束缚在原子核内，而其他电子却在核外大得多的轨道上旋转。

同年的圣诞节，卢瑟福在给少年儿童讲科普知识时，再次说：既然原子中有带负电的电子，有带正电的质子，为什么不能有不带电的中性粒子呢？当时人们认为卢瑟福提出的假说很有道理，并把他所提到的"中性粒子"称为"中子"。当时，卢瑟福的学生和同事们深信他的预言是科学的预言，于是便开始了一场轰轰烈烈的寻找中子的实验。1921年卡文迪许实验室的两名研究人员格拉森和罗伯兹做了一系列的实验，希望能在氢放电管中探测这种中性粒子的生成，但都没有获得成功。

查德威克等人无论怎样努力也建不成20万伏的高电压装置

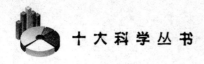

1923 年，查德威克用盖革发明的点计数器进行实验也没有效果。1924
年，查德威克认为用 20 万伏电压来加速质子，将这样高速的质子打入
原子，也许能找到一些证据，于是他带领实验室的其他研究员，开始筹
备实验，他们东拼西凑，遗憾的是，无论怎样，他们也没有力量建成这
样大规模的高电压装置，只能用忒斯拉线圈产生高压，而这样得到的质
子速度远不能满足需要。就这样，查德威克等人又采用不同的方法激励
放电管，用放射性物质的衰变，用 α 粒子产生的人工裂变，但是依旧没
能找到通向新领域的突破点。

三、错失良机

1929 年，卢瑟福和查德威克撰文讨论了寻找中子的可能方案。他
们对元素铍特别感兴趣，因为铍在 α 粒子的轰击下是不发射质子的，他
们根据铍矿往往含有大量氦的事实，猜测铍核在辐射的作用下，也许会
分裂成两个 α 粒子和一个中子。

正当查德威克准备好了铍源和实验用的放大线路时，德国人波特比
他们更早地发表了用钋 α 射线轰击铍的实验结果。波特是盖革的合作
者，他曾帮助盖革改进计数器，并有效地用之于探测微观粒子。1928
年起，波特和他的学生贝克尔利用钋源发射的 α 粒子轰击一系列轻元
素，在众多的轰击对象中，发现有一种元素有特殊的性能，这种元素就
是铍。他们用钋源的 α 粒子轰击铍靶，原想打出质子，但未发现质子，
却发现一种穿透力很强的中性辐射，它能穿过铅板，被计数管记录下
来，他们断言这是 γ 射线，他们不仅用吸收法，而且用符合法测量了这
一中性辐射的能量，它的能量要比用来轰击 α 粒子所带的能量还大，比
当时所知道的任何元素放出的 γ 射线的能量都要高。他们的测量历时两

年，多次反复地进行实验，实验结果完全相同。1930 年，他们发表了这一实验结果。

现在我们知道，虽然利用 α 粒子轰击铍是一个产生中子的反应，但是由于受到实验条件的限制，当时他们所用的计数管对中子无反应，而且 α 源很弱，因而他们错过了观测中子的机会。

查德威克对波特等人的研究结果感到很意外，就让他的实习学生，一个叫韦伯斯特的澳大利亚人去进行研究，在实验中他们得出了这种中性辐射的许多奇特性质。查德威克认为，这些性质使他很感兴趣，他想这种辐射就是中子，这是坚定不移的事实。于是他叫韦伯斯特换用云室来进行观察，结果他们没有看到什么新现象。其实，原因就在于 α 源太弱，也还可能在实验安排上有不尽妥善之处，韦伯斯特没有发现中子的存在，毕业之后，就离开了卡文迪许实验室。

在巴黎，约里奥·居里夫妇也正在进行类似的实验，波特的结果发表后不久，很快就得到了证实。居里夫妇用的放射源特别强，他们用这样强的 α 放射源重复波特和贝克尔的实验，发现铍中性辐射的穿透力超过他们原先的估计。他们为了进一步检验辐射的性质，他们将石蜡放在铍和游离室之间，出乎意料之外，发现计数激增，而且用磁场可以使石蜡送出的辐射产生微小偏转。经过研究，他们断定石蜡发出的射线是质子流，而且是一种速度很高的质子流。然而，约里奥·居里夫妇和波特一样，误把铍辐射看成是 γ 射线。囿于传统观念，他们未能凭自己的实验结果得出中子存在的结论，结果错过了发现中子的良机，只能给别人以启发。

波特和约里奥·居里已经遇到了中子，遗憾的是他们没有作出正确的解释。其实，他们都没有注意到卢瑟福关于原子中可能存在"中性粒子"的假说，由于缺乏这种思想准备，致使在实验中探测到中子，却不能认识它，因而失去了发现中子的优先权。然而，他们的卓越实验却为

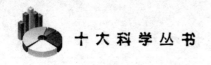

中子的发现迈出了真正的一步。

四、查德威克和中子

（一）查德威克发现中子

当查德威克从法国物理杂志《科学报告》中读到约里奥·居里夫妇所发表的文章时，他立即抓住了要害，他把约里奥·居里夫妇的看法告诉卢瑟福，卢瑟福当即回答到："我不相信！"他和查德威克都不相信 γ 射线能有这样大的能量能够把氢原子（即质子）撞击出来，他俩一致认为，这种中性辐射很可能就是中子。

查德威克认为居里夫妇对中性辐射的解释存在着两个严重的困难。第一，他们在实验中观察到的质子散射的频率比用计算电子散射公式计算出的结果大出了数千倍。这说明，被轰击出来的物质的能量远远大于常用的 γ 射线所具有的能量。第二，从铍核与一个动能为 5×10^6 电子伏特的 α 粒子的相互作用中，很难甚至是不可能产生一个 50×10^6 电子伏特的粒子，而实验事实却是如此，所以，这样一个解释工作非常困难。

接着，查德威克在卢瑟福的指点下，满腔热情地重复了约里奥·居里夫妇的工作。他要彻底搞清楚这种特殊辐射的性质。查德威克将铍射线射向除石蜡之外的其他各种材料。他很快就发现，当铍射线与氢之外的其他原子核碰撞时，也会产生反冲，但反冲速度却比氢小很多。这个反冲速度与反冲原子核的原子量有关，它随着原子量的增大而减小。这个实验结果非常喜人，因为，这正好是如果铍辐射不是电磁辐射而是一种质量接近质子的粒子所应预期的图像。这就使得查德威克越发地相信铍射线不是那种电磁辐射所产生的一般的 γ 射线。但是，遗憾的是，查

查德威克重复居里的实验，用铍射线射向各种材料
并检测……

德威克从准确的实验数据中只得出了射线的质量接近于质子的质量这一结论。于是，进一步的实验还是不可缺少的。

铍辐射的性质是用真空管计数器的方法来检验的。真空管就是电子管，真空计数器就是一个电子探测器——在这里就是与电子放大器连接的电离室，简单地说，它是由一个连接到电子管放大器上的小电离室构成的。当一个电离粒子进入电离室后，就会使室内突然产生离子，这种产生大量离子的电离现象可以由连接在放大器输出电路上的示波器探测出来。示波器的偏转情况用照相方法记录在印相纸上。

钋源是用镭的溶液沉淀在一块银圆盘上制备成的，盘的直径为1厘米，放在直径为2厘米的纯铍圆盘近旁，然后一起密封起来，放入一个能被抽成真空的小容器中。查德威克使用的第一个电离室有一个1.3厘米的开口，上边覆盖一块具有一定阻止本领的铝箔，深度为1.5厘米。当把源容器放在电离室前面时，从示波器上可以探测到，偏转粒子数立即增加。当铍与计数器距离为 3 厘米时，偏转数接近每分钟 4 次。查德威克把厚金属片——甚至厚达 2 厘米的铅插入源容器和计数器之间时，示波器上的偏转数仍然明显地保持原水平，不见任何减少。这些偏转显然是由铍发射的穿透性辐射所造成的。

当查德威克将厚铅片去掉而将一片大约 2 毫米厚的石蜡插在计数器前面的辐射通路上时，示波器上记录的偏转数出现了明显的增加。这一增加是由于从石蜡中被打出的粒子进入了计数器造成的。

接着又对其他元素暴露在铍辐射下的效应进行了一系列的研究。每种元素被铍辐射后的射线轰击时，计数器观测到的偏转数都是增加的。接着，查德威克在费则博士的合作下，用膨胀室的方法对氮反冲原子进行了检验。这次，源容器直接放在一台清水膨胀室上方，以使大部分铀辐射穿过膨胀室。这种类型的云室是以突然减低压强的方法使气体冷却，从而造成蒸气在离子上凝结的原理进行工作的。他们在几小时的过程中观察到了大量的反冲径迹。它们在室中的目测射程有时达到 5.6 毫米，对膨胀进行校正后相当于标准空气中的 3 毫米左右。这些目测估计值是费则从用一台大型自动膨胀室在一系列初步实验中拍得的氮反冲径迹照片中得到的。现在，不同速度的氮的反冲原子的射程已经测量出来，分析这些实验结果，查德威克发现由铍辐射产生的氮的反冲原子至少应具有每秒 4000 千米的速度（射程越大，反冲原子的速度就越大），相当于大约 12 万电子伏特的能量。如果我们用量子的碰撞来解释反冲原子，要使碰撞后的反冲原子具有这么大的能量，就必须假定量子的能量约九百万电子伏特左右，这和能量守恒定律完全不符合。而量子碰撞过程中能量是守恒的，这是已经证明的事实。

总之，查德威克在大量重复实验过程中证明了铍辐射具有以下特点：第一，此辐射具有巨大的穿透本领，它们的巨大穿透力就意味着它们必然是电中性的（因为荷电粒子会受到原子内电场的偏转，这就是电

中性的 γ 射线之所以比 α 或 β 射线穿透力强得多的原因）。这种辐射的速度仅为光速的 $\frac{1}{10}$，所以它属于 γ 射线。第二，如果这种辐射是 γ 射线，计算出 γ 射线的能量比约里奥·居里夫妇算得的还要大得出奇，并且当碰撞原子的质量增加时，还必须假想这种 γ 射线的能量越来越大，这与能量守恒原理和动量守恒原理都不相符合，决不可能使能量值与引起辐射的能量一致。这充分说明铍辐射不是 γ 射线。第三，任何能从原子核中打出质子的辐射，必须是由一些本身就应该相当于质子那么重的粒子所构成，所以这种粒子一定是一种迄今未发现的新粒子。

经过实验的观察，再加之大量的理论分析，至此，查德威克把直观认识、逻辑思维和实验研究结合起来，他大胆地提出这种铍辐射就是卢瑟福曾经预言而他自己寻觅已久的"中子"。他认为铍辐射是由铍发出的，由质量与质子几乎相等而不带电荷的中性粒子，即中子组成的，他发现实验得出的结果和理论计算完全一致，其他物质的辐射也存在同样的情况。鉴于这些事实，中子的存在是毫无疑问了。就这样在约里奥·居里夫妇的文章发表后不到一个月，即 1932 年 2 月 17 日，查德威克宣布发现了"中子"。

（二）中子是复合粒子吗？

对查德威克来说，就像卢瑟福说的一样，中子只不过是一个质子和一个电子的合成体，而不是以其名称存在的一种基本粒子。但查德威克并没有推测中子在原子核结构中的作用。中子发现后，人们纷纷来讨论它，中子在原子核的结构中起什么作用？它真的是一个质子和电子的合成体吗？德国物理学家、量子力学的著名先驱者之一沃纳·海森堡在 1932 年提出了一个新的理论，原子核由质子和中子组成，靠质子和中子间相互交换电子而保持在一块。也就是说，一个中子放出它的电子，变成一个质子，随后该电子被另一个质子获得，就又成为一个中子。在

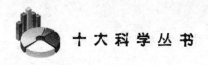

这里，海森堡仍然认为中子是一个质子和一个电子的合成体，因此实际上他仍把原子核看成是由质子和电子构成的。

对于原子核的这种看法其实早已经是自相矛盾的了。原子核是由电子和质子组成的核的电子假说已经存在着许许多多的漏洞，用这种核的电子假说来解释当时的核物理所涉及的问题都得出矛盾的结果。为了解决这些矛盾，科学家们进行了极其艰苦的努力。最后一致认为，解决的办法就是假设中子是一种基本粒子，是和电子和质子一样的基本粒子。如果假设原子核是由质子和中子构成的，那么，由于中子质量与质子大致相同（这是实验已经验证的了），那么原子量就必然等于中子和质子的总数，而原子序数正好等于质子数，因为质子是原子核中仅有的带电粒子。也就是说，质子数和中子数分别由下列规则给出：原子序数等于质子数，中子数等于原子量减去原子序数。于是两者的和就是原子量。这个规则正是我们今天所使用的规则。

但是，任何一种假设都必须被实验所证实才能被人们所接受。1934年8月，查德威克通过用 γ 射线将氢（H_2，即氘）原子核破碎成一个质子和中子，并对中子的质量进行了精确的测量，结果发现中子的质量不仅大于质子，而且大于质子、电子的质量之和，这就大大地动摇了查德威克的中子是质子和电子的复合粒子的观念。而后，判定中子是基本粒子的实验于1936年在美国进行，在这个实验中，默尔图夫与海登伯格通过仔细的观测得出了核力与电荷无关的结论：核力对质子和中子的作用犹如质子和中子是孪生兄弟一样。人们在实验中证明了电子在被发射之前并不存在于原子核中，这与肥皂泡被吹出之前不存在于吹管中完全一样。从此以后，人们就再也不可能猜想中子不是基本粒子了。原子核是由中子和质子组成的，这解决了核的电子假说所面临的一系列困难，彻底否认了中子是复合粒子，普遍承认中子是一种基本粒子。

（三）当之无愧的第一个发现者

默尔图夫与海登伯格的实验观测否定了查德威克的
中子是质子和电子的复合粒子观念，证明中子是一种单
一存在的基本粒子

中子的发现是核物理发展史上的一个重大转折点。由于这项具有划时代意义的发现，1932 年英国皇家学会授予查德威克休斯奖章，随后他又荣获 1935 年度的诺贝尔物理学奖。

有些人看到中子的发现，以为是靠神秘莫测的运气偶然发现的。事实并非如此。任何科学的进步都必须具备赖以成功的基本和条件，偶然的发现是孕育在历史的必然之中的。查德威克在发现中子以前，已是一位才华横溢的著名物理学家，是英国皇家学会会员，代理卢瑟福领导卡文迪许实验室的管理工作，并一直是卢瑟福的得力助手。即使在第一次世界大战期间，他被拘禁在德国鲁勒本时，仍然和其他几位难友组成一个科学协会，专心致力于 β 射线的研究。从战后到 1923 年，他担任了卡文迪许实验室放射性研究工作的助理指导，参与了卢瑟福在 1919 年进行的第一次人工核反应的研究工作。通过这一系列的实验工作，实验技能趋于成熟。1920 年，卢瑟福在第二次贝克尔讲演中提出中子预言，给他留下了深刻印象。这样，他早在 1923 年就写信给卢瑟福说："我本

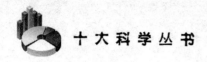

人认为我们必须对不带电荷的中子进行一次真正的研究。现在我已经有一个迫切的工作计划，但还是应该事先和阿克顿商量。"从这里，人们不难看出，早在他发现中子前 10 年，已为中子的研究作出了周密的计划，可以说，经过 10 年之久的长期探索，他才做出了发现中子这一科学壮举，所以，查德威克作为中子的第一个发现者是当之无愧的。

（四）查德威克其人

查德威克治学严谨，办事可靠，以精通管理和实验技术而闻名。在卢瑟福任英国皇家学会主席后的 10 年中，卡文迪许实验室的实际工作是在查德威克负责下进行的。他继承了卢瑟福的传统，只用简陋的仪器，却以很高的灵感和物理直觉发现了中子。他宣布发现中子的论文描述了设计很好的简单实验，这是清晰的物理思想的楷模。一个实验物理学家必须是一个具有相当水平的理论物理学家，能够知道什么样的实验是值得做的，同时他又必须是一个有相当手艺的工匠，知道如何做这些实验。只有这两方面都能胜任的人才是一个优秀的实验物理学家。查德威克就是这样的杰出人物。

查德威克友善、慷慨、责任心强、乐于助人。在物质和资金非常有限的情况下，他都能让实习学生得到必备的设备。卢瑟福甚至有时还责备他对那些年轻人过于偏爱。

发现中子之后，他还不失时机地提到波特、贝克尔、韦伯斯特和约里奥·居里夫妇的成绩和贡献。1957 年，即发现中子后的 25 年，他在论及约里奥·居里对科学事业的贡献时，曾特别提到他们夫妇俩的实验确是一个"提供发现中子线索的非常奇妙的途径"。的确，没有此人的失误，就没有彼人的成功，如果没有前人的工作，任何科学的进展都是不可能的。

查德威克于 1891 年 10 月 20 日出生在英国的曼彻斯特，并在曼彻斯特接受了中学教育。16 岁时，他参加了两项考试获得了曼彻斯特大学两个奖学金，他选择了其中一个进了大学。1911年，他以一流的成绩在曼彻斯特大学毕业。他继续留在学校攻读硕士学位，在卢瑟福指导下与拉塞尔一起工作，继续盖革和波尔的研究事业。1913年，他取得了理科硕士学位，之后他又获得了一笔相当可观的研究奖金，他把这笔奖金完全用于自己的事业上，他需要更换实验室，以便扩大研究范围。当时盖革教授已经回到柏林，查德威克随后也去了该地师从盖革。盖革非常喜欢这个执著上进的小伙子，他高兴地把查德威克介绍给周围的人，使他有幸结识了包括爱因斯坦、哈思和梅特纳在内的柏林科学家。不料第一次世界大战爆发了，他被整整拘禁了4年。战后，他于1918年12月返回曼彻斯特大学在卢瑟福的指导下工作，1919年又随卢瑟福来到英国剑桥大学卡文迪许实验室。

查德威克后来应聘到冈维尔和凯恩斯学院工作，并任卡文迪许实验室副研究主任。1927年被选为皇家学会会员，1945年获爵位。1935年到1948年主持利物浦大学里昂琼斯物理学讲座。之后，他在美国工作，担任制造原子弹的"曼哈顿计划"的英国代表团团长。曾任剑桥大学冈维尔和凯恩斯学院院长，并兼任过联合国原子能管理局委员。

查德威克发表过许多关于放射性及其他有关内容的文章。同卢瑟福勋爵和埃利斯合著的《放射性物理的辐射》一书，在辐射的核物理领域中占据了多年的权威地位。

他的一生除了获得诺贝尔奖之外，还获得了科普利奖章和费城富兰克林奖章，他既是许多物理研究所的名誉会员，曾获得多所大学的名誉博士称号，又是许多外国科学院和学术组织的名誉成员。

他于1935年同利物浦富商之女艾林·斯图尔特·布朗结婚，生有一对孪生女儿。1974年7月24日逝世，终年83岁。查德威克的一生可以说是为科学奉献的一生。他为人类、为科学所作出的贡献是不可低估的。

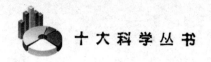

五、开创了新时代

中子的发现，对于核物理的发展具有决定性的意义：它作为物理学史上的最重要实验之一，是查德威克的殊荣，这将作为这位实验物理学家的伟大发现载入史册。1932 年以前的一切都属于核物理的史前史，1932 年才开始了核物理时代，因为 1932 年查德威克发现了中子。

中子的发现，是原子核物理发展史上的一个里程碑，具有划时代的深远意义。首先，中子的发现，使人们有了原子结构的新概念，搞清了核的基本组成，彻底否定了核的电子假说，为其后的核结构和核反应研究开辟了崭新的道路。其次，由于有了中子，使人们对原子量与原子序数的关系，以及原子核的自旋、稳定性等原子核的特性问题，有了新的认识。并且，人类对中子的研究和应用推动了核物理的飞速发展。中子的发现开创了一个新的时代，其中把中子作为轰击原子的"新型炮弹"，

查威德克于 1932 年发现了中子，对核物理的发展具有划时代的深远意义

导致具有划时代意义的重要发现——铀核裂变，是人类步入核能时代的第一声春雷。

中子被发现了，它的历史曲折而又富有戏剧性。但是，不论怎样，它的发现凝聚了许多科学家的辛苦劳动，这一点是不可否认的。我们从中应该体会到，科学上的任何发现与发明，都不是单凭一朝一夕就能一帆风顺地实现的。它需要长期的艰苦的劳动，更需要有牢固的理论基础和解决各种复杂问题的能力。所以，立志为祖国的未来而奋斗的少年朋友，你们应该从小树雄心，立大志，努力学好科学文化知识，培养坚强的毅力，以科学前辈为榜样。虽然科学家是伟大的人物，但同时他们也是人类中平凡的一员。只要有决心，他们的成就并不是高不可攀的。相信在不久的将来，会有更多的、像查德威克一类的人物出现。